우포늪, 걸어서

이 도서의 국립중앙도서관 출판예정도서목록(CIP)은
서지정보유통지원시스템 홈페이지 (http://seoji.nl.go.kr)와
국가자료공동목록시스템(http://www.nl.go.kr/kolisnet)에서
이용하실 수 있습니다.(CIP제어번호:CIP2017003355)

우포늪, 걸어서

글·사진
손남숙

목수책방
木水冊房

| 늪에서 나온 말 | 8 |

1
물이 만드는 우포

물이 만드는 우포	18
물이 색을 만든다	22
물이 지나간 후	24

2
늪의 기억은
물에 물든 녹색

가시연꽃은 수생식물의 여왕	32
늪을 디자인하는 식물	36
식물들의 영리한 배역	44
줄은 가장 나중에 몸을 굽힌다	46

3
새들은 정말 노래했을까

새에 대해 말할 수 있다면	54
붉은머리오목눈이는 춤추는 귀여운 소녀같이	56
뻐꾸기 점호	58
날아오르면 보이는 색, 파랑새	60
물총새를 위하여	62
새를 좋아하게 되면	64
큰오색딱따구리 이럴까 저럴까	68
백로가 있는 풍경	70
꾀꼬리에게 인사를	72
가을에 막 도착한 새를 보는 마음	74
새들은 정말 노래했을까	76
제발 좀	80
청둥오리 수컷의 녹색 스위치	82
오리야, 하고 부르네	86
노랑부리저어새는 저어야 한다	88
큰고니가 만들어 내는 우주 한 방울	90

4

우포늪을 이루는
토평천 물길

춤추는 나사말	*104*
서로 속이고 속고도	*106*
모르는 척하는 사이	
식물의 시계, 노랑어리연꽃	*110*
잠자리에게는 안 된 일이지만	*112*
원앙이 삶을 몰아낸다	*116*
올해 보는 새가 작년의 그 새인지	*120*

5

바람이 불고
잉어가 뛰어오른다

걸어서 30분 - 1코스

버드나무에 부는 바람	*136*
잉어가 뛰어오르는 봄	*142*
아름다운 임무	*144*
고라니는 내 말을 알아들은 것처럼	*146*
늪은 모든 소리를 다 듣고 있다	*148*

6

늪에서 나온 노래는
어떻게 꽃과 새들에게 전해질까

걸어서 1시간 - 2코스

웃기는 광대싸리	*156*
늪과 제방과 들판	*160*
늦반딧불이는 어둠 속의 초록별	*168*

7

아름다운 왕버들이
늪을 에워싸고

걸어서 2시간 - 3코스

왕버들 군락은 거대한 한 그루	*172*
왜가리가 사는 법	*178*
오디와 딸기의 셈법	*182*
흰뺨검둥오리 새끼들은 졸졸졸	*184*
어부의 시간	*186*

8

길이 길을 물고
끝없이 이어지는 무늬는
누가 만들었을까

걸어서 3시간 - 4코스

시를 읽는 팽나무	*194*
똥을 주고받는 사이	*198*
둔터 가는 길	*200*
자운영 꽃밭을 다시 볼 수 있을까	*206*
흰눈썹황금새는 조용히 견디네	*210*
수리부엉이가 사는 부엉덤	*212*
길이 길을 물고 끝없이 이어지는	*214*

9

그리고 쪽지벌

입맞춤의 늪	*218*
나비의 놀라운 무늬들	*220*
황금빛 안개의 숲	*224*
늪으로 간 등나무	*226*

10

사라진 늪, 사라지는 늪

사라진 마을, 느리방	*232*
새를 쫓던 사람, 기우낭	*236*
사라진 늪, 사라지는 늪	*238*

11

우포늪, 걸어서

걷기는 즐거움의 공명	*248*
길은 누구를 위하여 넓어질까	*250*
늪은 영원하지 않다	*252*
우포늪, 걸어서	*254*

함께 읽으면 좋을 책	*256*

엄마,

거기서는 부디

평안하시기를

늪에서 나온
말

끝없이 휘몰아치는 생각이 있었다. 고라니가 풀숲을 달리며 커어헝 울고 해는 일찍 졌다. 노랑부리저어새가 도착하던 날 저녁에도 혼자 늪에 있었다. 새들은 제방을 넘어 어디론가 사라져 갔다. 전망대 너머 산새소리가 쏟아졌지만 어디에서 흘러온 생각인지 알 수 없었다. 오래 담아온 것들은 푹푹 썩어 늪으로 흘러갈까, 그러면 되는 걸까, 그러자고 여기에 남아 있는 것인가, 생각하며 또 한참 늪에 있었다. 홀로 사냥하는 새는 왜가리였다. 나도 혼자이고 새도 혼자였다. 7월이 가고 밤이 가고 겨울이 지나갔다. 눈비를 맞았다. 해가 바뀌고 다시 여름이었다. 귀에 늪이 차오르기 시작했다. 걸을 때마다 두 눈과 두 발에 늪이 출렁거렸다. 늪이 내는 소리와 색에 감탄하며 머무는 날들이 많아졌다. 어떤 대상을 폭넓게 좋아하면 몸과 마음이 자유로워지고 더욱 잘 걷게 된다는 것을 늪에서 배웠다. 변함없이 품어 주고 받아 준 늪이 고맙다.

　전문가가 아니기에 부족하고 잘못된 부분이 있으리라 생각한다. 고쳐 나가도록 하겠다. 이 책이 조금이나마 우포늪을 찾는 사람들의 한 걸음에 보탬이 되기를, 그리하여 더 큰 아름다움과 마주할 수 있기를.

2017년 3월 손남숙

1

물이 만드는 _____ 우포

모두
걷고 있다

지금 네가 지구를 걷고 있듯이
지구가 우주를 걷고 있듯이
나뭇잎이 나무의 일에 참견하지 않듯이
꽃받침이 꽃술을 애태우지 않듯이
사람이 사람을 사랑하듯이
헤아릴 수 없는 걸음이 밤하늘의 별을 수놓듯이
산이 걷고 있듯이
나는 너를 향해 걸어가고 있다
새들이 날아가듯이
물고기가 헤엄치듯이
당연한 것이 당연하듯이
물은 물길을 걷고
세상의 모든 너를 만나러
나는 오늘도 천천히 걷고 있다

물에 밀리는 색_목포늪

2014 08 11

2016 10 06

물에 잠긴 버드나무_토평천

범람_전망대 아래

2009 07 19

우포늪의 범람_사지포 제방

물이 만드는 우포

　　　　　　　　　　물은 서두르지 않는다. 바람과 햇빛과 조응하며 물풀이 일렁이는 늪가를 부드럽게 간질이고 새들의 발가락을 꼼꼼히 살핀다. 그리고 매일 이야기를 들려준다. 봄바람이 살랑거리며 다녀간 이야기, 햇빛을 받으려고 나온 줄장지뱀, 꽃들이 피어나는 시기와 새들이 돌아오는 때를, 물안개 피어나는 새벽에 그물을 걷는 어부와 밤새 눈을 맞으며 서 있던 나무들의 이야기를. 이 많은 이야기를 누가 듣고 좋아할까? 당연히 늪에 사는 동식물이다.

　늪 이야기는 여름이 되면 절정을 이룬다. 찌는 듯한 더위를 무르춤하게 녹이고 장맛비가 내리면 늪은 들썩이기 시작한다. 수면에 길고 긴 물의 주름이 생겨나 하루에도 몇 번씩 풍경이 달라진다. 물이 구석구석 훑고 지나가며 생태시계를 새로 돌린다.

　늪을 가장 격렬하게 바꾸는 것은 범람이다. 여름 장마나 태풍 때 쏟아지는 많은 양의 비는 토평천을 지나 늪으로 들어가고 낙동강물은 거꾸로 역류하여 늪으로 들어온다. 이때 불어난 물에 늪이 잠기고 길밖으로 물이 넘치는 것을 범람이라고 한다. 하지만 4대강사업 이후 물길과 수심의 변화로 역류현상이 전과 같지 않아서 우포늪을 낙동강 배후습지라 할 수 있는지 의문을 갖는 사람이 늘고 있다.

　범람 후에는 늪의 모든 것이 달라져 있다. 힘이 약한 물풀은 녹아서 사라지거나 길가에 켜켜이 쌓인다. 쇠물닭은 둥지를 잃는다.

범람
_쪽지벌
2007 09 03

범람으로
사라진 길
_목포늪
2011 07 10

버드나무 잎들은 후줄근하게 늘어지고 마름은 자취를 감춘다. 가시연꽃이 영역을 넓히던 자리에 자라풀이 들어와 틈을 메운다. 범람은 물이 물을 밀어내고 저 너머의 물을 받아들이는 것, 풍경을 지우고 새로운 풍경을 만드는 것이다. 나는 이런 늪의 변화가 좋다. 거침없이 위와 아래의 물을 섞어서 새로운 주인공을 만들어 낼 때 그 순간만큼은 어떤 힘도 영원하지 않음을 일깨워 준다. 인간사에서는 보기 힘든 반전이 있다.

범람
_우포늪 삼거리

2007 08 08

물이 색을 만든다

장맛비는 저돌적인 몰이꾼 같다. 금세 늪을 파내어 뒤집어엎는다. 빠닥빠닥한 마름잎은 제 자리를 지키려 안간힘을 다하고, 가시연꽃은 잎을 들썩이며 빗물을 견딘다. 그러는 사이 슬금슬금 개구리밥과 생이가래가 다른 식물을 제치고 안으로 밀려들어 간다. 밀리는 색은 자신도 모르게 자리를 바꾸게 된다. 작고 힘없는 식물들이 중심으로 흘러갔다가 다시 나오기를 반복하며 풍경을 바꾼다.

비가 그치자 색이 움직이기 시작한다. 생이가래, 개구리밥 같은 부유식물은 자주 흔들리며 바람에 밀린다. 밀리는 색은 곧 사라질 색이다. 그러나 늪 가장자리에 붙어 있던 잎들이 둘레의 색을 이동시킨다. 바람은 늪의 끝에서부터 다시 식물을 밀어서 늪 안으로 들여보낸다. 가시연꽃은 반은 찢어지고 색이 변한 잎을 부둥켜안는다. 그렇게 해서라도 살아남아야 한다. 물에 기댄 절반의 삶은 뿌리를 통해 후손에게 남겨질 것이다. 둘레에 고였던 색은 어느새 전진하듯이 바람을 따라 사방으로 번진다. 식물이 색을 만들고 물이 위치를 바꾼다. 그렇게 해서 한 필의 늪이 새로운 무늬를 직조한다. 아름다움은 실패와 도전 끝에 만들어지는 찬연한 색. 그 모든 과정을 진두지휘하는 것이 물이다.

색이 정렬되고 있는
우포늪
_대대제방

2014 08 09

물이 지나간 후

나무들 아랫도리가 벌겋다. 물이 휩쓸고 간 후 생경한 것들이 드러난다. 땅은 거칠게 뒤채며 산에서 내려온 물을 받아서 늪으로 보낸다.

물에서 뭍으로 나온 물풀은 조용히 밟힌다. 마치 부드러운 양탄자를 밟는 것처럼 가볍고 폭신하다. 하지만 길에 패인 물구덩이는 늪의 눈동자처럼 슬프다. 눈동자는 늪이 심하게 깜박일 때 생기는 것이다. 평상시에는 건조한 몇 개의 눈동자만 볼 수 있지만 장맛비가 내리거나 태풍이 지나간 후에는 눈동자들이 불어난다. 늪가를 돌아가는 길마다 커다란 구덩이가 파인다.

나는 구덩이를 볼 때마다 늪이 내지르는 비명 같다고 생각한다. 제방과 길에 둘러싸인 물은 얼마나 답답할 것인가. 그래서 원래 늪이었던 자리를 기웃거리다가 비만 오면 눈동자가 하나씩 생기는 것인지도 모른다. 그것은 혹시 물이 참지 못하고 뚫어 버린 숨구멍이 아닐까?

길에 물구덩이가 생기면 이내 메우는 작업을 한다. 쇄석을 갖다 붓고 바닥을 딴딴하게 다진다. 하지만 아무리 메워도 구덩이는 계속 생긴다. 쇄석은 다 어디로 간 것일까? 물은 어디서든지 서로 만나기를 원하고 사람은 물이 만나는 것을 간섭한다. 물과 뭍의 경계에서 서로 다른 반역이 일어난다. 서로 다른 역사가 쌓인다.

물이 지나간 후
_소목
2009

물구덩이
_대대들 농로
2011 07 10

2

늪의 기억은 _____ 물에 물든 녹색

색띠를 두르는
늪

색이 분화된다

색이 발라진다

누가 발라 주는 것이 아니라 색이 식물에게 스미고 붙는다

색이 선을 입히면서 빠르게 늪 둘레를 맺는다

색은 색들이 되고

수면을 지우며 이전의 기억을 덮는다

초록색과 노란색, 녹색과 모호하게 붉은색들이 늪의 가로줄무늬가 된다

띠를 두른 후부터 여름의 물감을 짜기 시작한다

물감을 이용할 수 있는 식물은 간간이 구름을 끼워 넣거나

나뭇잎과 새들의 배설물

붕어 하품을 문양으로 집어넣을 것이다

첫 작업은 벌써 끝냈다

색을 불러들였으므로 배게 하고 입히고

서로 다른 색을 엇갈리게 하는 일들은 물이 할 것이었다

생이가래, 개구리밥, 마름 사이에서 보글보글

서로의 색을 눈여겨보고 있다

일제히 확 번지게 할 묘안이 없을까?

2013 09 19

물옥잠 군락_쪽지벌

식물의 영역_우포늪 수로

가시연꽃은 수생식물의 여왕

콩알만한 씨에서 싹이 나고 잎은 가위처럼 두 가닥으로 갈라진다. 잎의 양쪽 끝이 오므려지며 점점 둥글어지고 주름 잡힌 골짜기나 협곡처럼 변한다. 이윽고 잎을 찢고 나온 꽃대에서 진홍색 화관을 쓴 여왕이 탄생한다. 꽃의 색이 오묘한 것은 깊숙이 묻어 둔 비밀 때문이다.

여왕은 영토 확장에 관심이 많아 최대한 잎을 넓게 펼친다. 가시투성이 줄기를 구불텅하게 걸치고 부엽식물이 다가오는 것을 막는다. 마름, 자라풀은 멀찌감치 떨어져 여왕을 지켜본다. 꽃이 진 후에는 씨방이 자라고 그 안에는 석류 알처럼 생긴 알들이 가득 들어찬다. 이것은 씨가 아니라 씨의 옷이라고 할 수 있다. 젤리와 같이 말랑말랑하고 부드러운 옷을 벗어야만 진짜 씨가 나온다. 여왕이 배태한 수많은 씨는 현생과 후생을 잇는 무궁한 약서와 같다. 늪은 몇 세기를 넘나들며 최고의 비밀저장고인 진흙에다 여왕의 씨를 보관하고 있다.

가시연꽃
_목포늪
2015 08 30

가시연꽃에
앉은 백로
_우포늪
2013 08 12

가시연꽃 씨
_우포늪
2010 03 20

가시연꽃 씨에서 싹이 났다
_마당에 심고 키우면서 관찰
2008 05 02

가시연꽃 씨는 젤리 같이
물렁한 막에 쌓여 있다
_쪽지벌
2008 09 24

가시연꽃 열매가
만들어지고 있다
_쪽지벌

2008 09 24

가시연꽃으로 뒤덮이다
_우포늪

2013 08 12

늪을 디자인하는 식물

여름날 마름잎은 장미 문양처럼 봉긋하게 수면 위에 떠오른다. 이렇게 입체적인 모양이 된 것은 초록색 개구리밥과 생이가래가 짙은 녹색의 마름잎 사이사이에 들어갔기 때문이다. 마름줄기는 자신의 구획을 정하려는 듯 길게 뻗어 있고, 꽃은 얇고 투명하게 비치는 흰색으로 핀다. 열매는 양쪽에 가시가 달리는 투구 모양인데 단단한 껍질 안에 하얀 속살이 가득 차 있다. 이 속살의 맛이 밤 맛과 비슷하다고 해서 물밤 또는 말밤이라고 부른다.

옛적부터 늪가 사람들은 마름 열매 속에 든 녹말로 떡과 수제비를 해 먹었다. 가시연꽃 씨에서 얻은 가루는 죽을 쑤어 먹고, 올방개올미에서 얻은 가루로는 묵을 쑤어 먹었다. 올방개는 늪 가장자리나 논가의 질척한 땅, 얕은 도랑에 많이 자라며 알뿌리가 작은 도토리만하고 달고 아삭아삭하다.

수생식물은 수심과 날씨의 영향을 많이 받는다. 가뭄이 들어 늪의 물이 줄어들면 물풀은 조금이라도 더 물을 빨아들이려고 이웃들에게 바짝 붙는다. 그럴 때 늪은 쫀쫀하게 짜인 카펫처럼 변한다. 이 카펫의 무늬가 해마다 달라지는 것은 물이 식물의 색을 바꾸기 때문이다.

여름이 되면 물풀은 빠른 속도로 수면을 덮는다. 마름은 흰 꽃을 듬성듬성, 자라풀은 하얗고 투명한 꽃을, 가시연꽃은 은근한 보라색을 품은 꽃대를 내밀고, 물옥잠은 반짝이는 보라색 꽃을

마름잎
_우포늪
2012 08 31

마름꽃
_우포늪
2012 08 27

마름의 열매 '말밤'
_우포늪
2008 08 07

밀어 올린다.

잎 뒷면에 볼록한 공기주머니가 있는 자라풀은 하트 모양이라 깜찍하다. 생이가래, 개구리밥과 같이 물에 잘 떠서 다니며 가시연꽃이나 마름이 자리를 잡고 있으면 그 사이를 들락날락하며 색다른 무늬를 만든다. 물풀들은 물을 타고 놀거나 물이 가자는 대로 이끌리며 쉴 새 없이 색을 배열한다. 짙은 녹색과 연한 녹색 사이에 군락을 이룬 자라풀은 일제히 하얀 꽃 물방울무늬를 찍어 낸다.

늪가에 선 갈대와 물억새가 하얗게 넘실거리면 수면에 가득하던 색도 사라지고 잔잔한 물빛만이 남는다. 물풀들이 한해 생산한 씨앗과 영양은 늪에 다 들어가 있다. 이때쯤 겨울철새들이 날아온다.

겨울 아침 늪에 가면 수천 년 전부터 끊이지 않고 이어지는 새들의 이야기를 들을 수 있다. 새들이 쉼 없이 먹이활동을 하거나 일제히 비상할 때의 날갯짓을 바라보고 있으면 늘 늪이 마련한 상차림이 놀랍고 감탄스럽다. 늪은 사계절 내내 동식물의 삶을 유연하게 끌어 주고 당겨 주는 배후이자 최근 소식을 알려 주는 안테나, 살아 있는 생명의 장이다.

매자기는 정수식물로 가을이면 둥글게 생긴 알뿌리塊莖, 덩이 모양을 이룬 땅속줄기가 달리는데 기러기들이 좋아한다. 세모꼴의 줄기를 가진 세모고랭이도 알뿌리식물로 고니들이 좋아한다. 생이가래

갈대꽃
_우포늪 대대제방   2013 11 11

억새
_목포늪   2010 10 27

포자가 빽빽이 몰린 늪 가장자리에는 작은 쇠오리들이 모여든다. 물닭은 고개를 까딱거리며 돌아다니고 이따금 풍당풍당 물구나무서듯이 물에 뛰어든다. 넓적부리들은 머리를 맞대고 빙글빙글 맴을 돈다. 물속을 헤집어서 좋아하는 먹이가 잘 올라오도록 하려는 것이다.

새들은 발과 부리를 열심히 놀리며 신나게 늪을 마사지한다. 먹이도 찾아 먹고 늪의 등도 시원하게 긁어 준다. 마치 맛있는 밥상을 만들어 주어서 고맙다고 늪에게 인사를 하는 것 같다. 봄부터 겨울까지 물과 바람과 햇빛이 만들어 내는 동식물의 멋진 생명연대!

우포늪에 사는 식물

부엽식물: 물속에 뿌리를 내리고 물위에 떠서 자라며 마름, 가시연꽃이 대표적이다.
부유식물: 물위에 떠다니며 사는 개구리밥, 생이가래 등이 있다.
침수식물: 물속에 사는 식물을 말하며 검정말, 붕어마름, 통발, 나자스말, 물수세미 등이 있다.
정수식물: 물이 얕은 곳에 뿌리를 내리고 줄기와 잎의 대부분은 공중에 뻗으며 산다. 갈대, 부들, 줄, 창포 등이 있다.

세모고랭이
_목포늪   2009 07 04

물옥잠
_목포늪   2012 09 12

매자기 싹
_우포늪 2007 08 13

자라풀 꽃
_우포늪 2007 08 20

개구리밥
_우포늪
2008 07 19

생이가래
_우포늪
2012 08 31

우포늪, 걸어서 　43

식물들의 영리한 배역

    늪 주변이나 제방의 경사진 면에 자라는 식물을 보면 물이 어떻게 식물에게 영향을 미치는지 알 수 있다. 봄이면 꽃의 색을 통해 식생을 알 수 있고, 가을에는 씨앗이 날아가는 것으로 색의 번짐을 알 수 있다. 아름다운 색들은 모두 땅속에서부터 시작된 것이다. 그렇지만 늪가에 자라는 식물은 사정이 다르다. 물에 밀리는 순간 물이 내려놓는 곳에서 새 삶을 시작해야 한다. 그래서 자운영은 이리저리 흩어지고 자라풀, 물옥잠도 한자리만 고집할 수가 없다.

    제방은 식물들이 맡은 배역을 가장 잘 보여 주는 무대와 같다. 줄은 늪 가장자리에 자리를 잡고 있고, 갈대와 억새 사이에 가끔 붉은 여뀌가 들어가 있다. 그리고 위로 올라가면 금강아지풀이 띠를 두르고 달맞이꽃과 도깨비바늘이 듬성듬성 자리를 잡는다. 이렇게 고루 뒤섞인 식물들이 제방의 색이 된다. 자연은 색채로 생명의 탄생과 소멸을 기록하며 잊을 수 없는 장면을 늪에다 펼친다.

식물의 띠_대대제방   2011 10 28

줄은 가장 나중에 몸을 굽힌다

─────────── 이른 아침 풀숲은 거미들의 왕국이다. 나뭇가지 사이, 줄과 줄 사이에 해먹처럼 늘어뜨린 긴호랑거미의 집에는 온갖 곤충들이 붙들려 있다. 거미줄에 걸린 나비와 잠자리는 거미의 먹이가 된다. 방아깨비를 와작와작 깨물던 사마귀도 거미줄 앞에서는 속수무책이다. 거미는 그 모든 것을 포획할 수 있다. 거미들이 집을 짓는 줄 잎은 긴 혀 같이 늘어진다. 줄은 늪 가장자리 물이 얕은 곳에 꼿꼿하게 자리를 잡는데 곧게 서서 자란다고 정수식물挺水植物이다. 8월부터 자잘한 황록색 꽃이 피는데 꽃 이삭은 부챗살 모양으로 펼쳐지며 늦가을쯤에 벼처럼 길쭉하게 생긴 열매가 익는다. 서양에서는 줄의 열매를 '야생 쌀'이라고 불렀다. 겨울에는 큰기러기들이 이 줄 뿌리를 캐먹느라고 부리와 머리가 진흙 범벅이 된다.

줄은 정말 줄을 서 듯이 빼곡하게 뻗는다. 초여름이 되면 틈이 보이지 않을 정도로 밀집하여 새들이 숨어 있기에도 좋다. 그러나 줄 대가 그리 튼튼하지 않아서 조금만 바람이 불어도 히뜩히뜩 자빠지고 엎어진다. 여름을 지날 동안 줄은 몇 마디를 꺾는지 모른다. 한 마디를 꺾으면 잠자리가 와서 앉고 또 한 마디를 꺾으면 거미가 와서 집을 짓는다. 잎이 넓어서 뒤에 숨어 있기에도 좋다. 게연두거미는 포근한 이불마냥 잎으로 저를 가린다. 잎을 늘어지게 해 놓으니 다들 쉬어 가는 장소, 은신처로 이용하는 것이다. 줄은 그렇게 이웃을 불러 모은다.

줄
_우포늪

게연두거미
_우포늪

나비를 사냥한
긴호랑거미
_사지포 제방

2013 07 24

거미줄에
걸린 사마귀
_사지포 제방

2014 09 03

줄꽃은 금빛 이삭과 같이_우포늪   2014 08 09

3

새들은 정말 _____ 노래했을까

새의
기억법

흰뺨검둥오리 등에 가지런한 흰색과 검은색

어미가 잘 알아볼 수 있도록

새끼가 새끼들인 줄 알게

어떤 음악성이 굽은 등으로부터 물결치듯이 흘러와

놀라운 리듬을 새겨 놓았다

재빠른 발놀림과 짧은 털의 실룩거림

한 종이 경험할 미래의 긴 여정과 부단한 자맥질을 결정한다

어서 빨리 몇 가닥의 줄무늬를 숨겨야 날아오를 수 있다

경쾌함은 적이 잘 알아보는 표식

어린 새는 부리 안에 펄펄 뛰어오르는 벌레를 집어넣고

꽥꽥 소리를 배운다

더 놀라운 색들은 흐트러뜨리고 과감히 부풀어 오른

깃털 사이에 배치된다

부리가 넓고 뺨이 흰 새는 희고 검지만 더 희고 검은 색

줄무늬를 위하여 만 가지 사냥법을 숨겨 왔다

전망대 앞의 소나무는 바람을 주체하지 못해 하염없이 자신을 구부렸다 놓았다 한다. 이 바람 소리는 늪과 나무를 지나 새의 날개를 스치며 내 안에도 불어온다. 쉴 새 없이 바람이 분다. 별안간 큰기러기들이* 발작하듯이 날아오른다. 매우 놀라고 다급한 소리다. 허공을 빙빙 돌면서도 앉을 곳을 찾지 못하자 당황한 듯했다. 갈 곳을 정하지 못한 새들의 불안이 허둥지둥하는 날갯짓에서 느껴진다.

찬바람이 몰아치는 겨울이었다. 대대들을 지나 대대제방에 올라섰을 때 이미 내 귀에 왁자한 기러기 소리가 들려왔다. 가슴이 두근거렸다. 나는 완전히 캄캄한 밤을 원했다. 어둠 속에서 오직 새소리만 듣기를 바랐다. 나는 혼자였고 사방은 오싹하리만치 고요했다. 그때만큼 새소리가 분명하게 들린 적은 없었다. 새가 하는 말을 다 알아들을 수 있을 것 같았다. 그 밤에 나는 사람이 아니었다. 제방의 울타리나 작은 돌멩이, 풀 한 포기와 같았다. 새들은 나를 알 수 없었고 나는 그 새들을 안다고 착각하는 순간이었다. 어떤 벅찬 감정이 조용히 솟구쳐 올랐다. 새 소리만 들리던 그 밤의 생생한 경험은 우포늪을 말할 때마다 빼놓지 않는 기억이 되었다.

---

* 우포늪에서 보는 큰기러기는 대부분 '큰부리큰기러기'라고 한다. 큰부리큰기러기는 큰기러기의 아종이며 부리가 조금 크고 뭉툭한데 눈으로 구분하기는 어렵다.

큰기러기 일제히
날아오른다
_사지포

2011 12 05

붉은머리오목눈이는 춤추는 귀여운 소녀같이

붉은머리오목눈이는 나무 새순을 따먹느라 정신이 없다. 연두색 부드러운 새순이 맛있기도 할 것이다. 이 새는 호기심이 많아서 몰래 사람을 엿본다. 아니, 사실은 내가 엿보는 것을 새가 알아차린 것이다. 붉은머리오목눈이는 갈대 줄기에 매달려서도 나를 보고, 버드나무 가지에 앉아서도 나를 본다. 무엇이 그리 궁금했을까? 요모조모를 살피는 새의 경계심에 차마 발걸음을 뗄 수가 없다. 내게 무슨 할 말이라도 있는 거니? 대답은 않고 폴폴 날아가 버린다.

붉은머리오목눈이의 또 다른 이름은 뱁새다. 흔히 쓸데없이 욕심이 많은 사람이나 능력보다 큰일을 벌이는 사람을 일러 '뱁새가 황새 따라가려면 가랑이가 찢어진다'고 말한다. 붉은머리오목눈이가 이 말을 들으면 기분이 나쁠 것이다. 무슨 욕심을 그렇게 부렸다고 작은 새를 놀리나. 그냥 예쁘기만 한데.

붉은머리오목눈이는 통통 튀어 오르고 갈대 줄기를 잡고 낭창거리며 리듬을 탄다. 꼭 춤추는 귀여운 소녀들 같다. 그러나 번식기가 되면 얼마나 부지런하고 야무진지 모른다. 먼저 풀줄기나 식물의 잎을 이용하여 오목한 그릇 모양의 둥지를 짓는다. 7개에서 9개 정도의 연청색 알을 낳는데 가끔 뻐꾸기가 슬쩍 알을 낳고 간다. 붉은머리오목눈이는 그것도 모르고 열심히 알을 품고 정성을 다해 새끼를 키운다. 심지어 제 새끼가 새끼뻐꾸기의 발길질에 밀려 둥지 밖으로 떨어져도 모른다. 이럴 땐 탁란托卵하는 뻐꾸기도 얄밉지만 붉은머리오목눈이한테도 화가 난다. 무슨 기막힌 사연이 있어 붉은머리오목눈이는 새끼뻐꾸기를 키울 수밖에 없는가.

붉은머리오목눈이는 '비비비, 비비비' 하고 소리를 낸다. 시골 할머니들은 붉은머리오목눈이를 '비새'라 부르며 이 새가 울면 틀림없이 비가 온다고 말한다. 붉은머리오목눈이는 왜 울었을까? 혹시 제 새끼를 잃고 남의 새끼 키우느라 고생한 것이 서러워서 울었을까? 아니라면 억울해서? 속사정이야 뻐꾸기와 뱁새만이 알겠지.

붉은머리오목눈이
_목포늪

뻐꾸기 점호

　　　　　　　　　탁란하는 새인 뻐꾸기는 세상에서 가장 욕을 많이 먹는 새일 것이다. 붉은머리오목눈이나 개개비 같이 작은 새의 둥지에 몰래 알을 낳고 가는 천하의 몹쓸 어미로 알려져 있지만 뻐꾸기인들 좋기만 할까. 오히려 남의 손에 맡겨야 하니 내내 불안할지도 모른다. 그래서 꾀꼬리나 파랑새는 노래한다고 말하고 뻐꾸기는 운다고 하지 않는가.

　　뻐꾸기는 제가 알을 낳아 놓은 둥지 근처로 매일 출근하다시피 한다. '뻐꾹뻐꾹, 얘야, 지금 너에게 먹이를 주는 그 새는 가짜 엄마야. 진짜 엄마는 나다!' 그렇게 새끼에게 자신이 엄마라는 것을 기억하게 만든다고 한다. 가끔 뻐꾸기의 소리가 다급하게 빨라지다가 소리가 뚝 끊기기도 한다. 그때는 둥지 안에 무슨 일이 생긴 것이다. 아마도 가짜 엄마가 위험에 빠졌거나 뱀과 같은 천적이 둥지로 올라가는 것을 본 것이 아닐까? 엄마뻐꾸기는 꼭 그런 위험 상황을 알아보고 확인하는 것처럼 일정한 시각에 등장한다. 마치 둥지를 돌아다니며 새끼들을 점호하는 것 같다.

　　새끼뻐꾸기는 가짜 엄마가 정성껏 제공하는 먹이를 먹고 보살핌을 받은 후 덩치가 가짜 엄마보다 더 커져서 둥지를 떠난다. 간다고 말도 하지 않는다. 정말 뻔뻔한 부모에 뻔뻔한 자식이 아닌가. 붉은머리오목눈이는 새끼가 사라진 빈 둥지를 보고 얼마나 당황할까. 하지만 이건 어디까지나 사람의 생각일 뿐. 사실 붉은머리오목눈이도 뻐꾸기 새끼인 줄 알고 키웠을지도 모른다. 그

사정을 새가 아닌 사람이 어떻게 알겠는가.

우포늪에서 보는 뻐꾸기는 회색 깃털에 눈이 빨갛다. 새끼들을 남에게 맡겨 놓고 하도 울어서 눈이 짓물러서 그런가? 하는 것은 지극히 만화적인 상상이고, 엄마뻐꾸기가 매일 새끼를 점검하고 확인하던 습성은 시계를 만드는 사람들이 알차게 응용하여 사람들 세계로 들어오게 만들었다. 그게 뻐꾸기시계다.

뻐꾸기는 여름철새지만 뻐꾸기시계는 사계절 내내 안방과 거실, 공부방, 작업실 어디에서나 '뻐꾹뻐꾹' 한다. 뻐꾸기가 일정한 시각에 제 새끼를 불러냈듯이 뻐꾸기시계도 정확한 시각에 사람을 점호한다. '일어나요, 어서! 지금 시간이 몇 신데!' 그 사이 뻐꾸기시계는 사람들의 가짜 엄마 노릇을 하게 되었다. 진짜 엄마 대신 가짜 엄마가 깨워야만 일어나는 사람이 얼마나 많은가. 세상에나.

뻐꾸기
_목포늪
2013 05 24

날아오르면 보이는 색, 파랑새

어릴 때 동화책에서 읽은 파랑새 때문인지 나는 파랑새의 날개가 정말 파랑색인 줄 알았다. 그런데 늪에서 처음 파랑새를 보았을 때 조금은 실망스러웠다. 새의 깃털이 파랑색도 아닐뿐더러 뭉툭한 부리, 시커멓게 보이는 날개, '케케게 켓켓켓' 하는 소리가 꽤나 귀에 거슬렸다. 늘 생각해 왔던 그 새가 아니었다. 그러던 어느 날 전봇대에서 훌쩍 날아오르는 파랑새를 보았다. 햇빛을 받아 눈부시게 빛나는 짙은 청색의 날개가 파랑색이 아니라고는 말할 수 없었다. 마치 벨벳과도 같이 부드러운 감촉이 느껴지는 색이었다. 그리고 파랑새가 날개를 활짝 펼쳤을 때 드러나는 반달 모양의 흰색 무늬가 강렬하게 인상에 남았다. 동화 속의 파랑새가 결국 평범한 것이 행복하다고 말하듯이 파랑새의 파랑색도 그런 의미로 다가왔다. 행복은 스스로 발견하는 것, 가까이 있는 것을 알아차리는 것. 새가 앉아 있을 때는 보이지 않지만 날아오르면 보인다. 파랑색 안의 숨은 흰색을 알아보고 기뻐하는 것, 이것 또한 행복이라는 것을 눈앞에 앉은 파랑새가 말해 준다.

파랑새_우포늪   2013 05 21

물총새를 위하여

물총새는 곁눈질로 살핀다. 한 장소에서 두 번이나 눈이 마주치는 사람이 수상하기도 할 것이다. 물총새는 어느 때보다 신중하다. 나는 나무 뒤에 숨어 있다. 물총새는 늪 아래 물웅덩이 주변을 맴돈다. 새는 보이지 않고 '찌찌찌 찟찟' 하는 소리만 날아간다.

물총새는 소리를 흩뜨린다. 소리를 여기 저기 뿌린다. 소리를 마구 흔든다. 자신의 위치를 숨기려고 소리로 시선을 끈다. 나는 꼼짝도 하지 않는다. 나도 내 위치를 들키고 싶지 않다. '찌찟 찌찌지' 하는 물총새 소리에 눈을 크게 뜬다. 소리가 나는 장소를 알아야 한다. 하지만 소리는 장소를 숨기고 장소는 소리를 감춘다. 소리는 나뭇가지에 있는가 하면 저 건너편에서도 들리고, 흙벽이나 논두렁에서도 들린다. 소리 대신 청색의 물체가 허공에서 번쩍거린다. 색은 날쌔게 내 앞을 가로지르는 새의 존재를 한눈에 번뜩이도록 만든다.

물총새는 여러 가지 트릭을 쓴다. 짐짓 나를 모른 척하며 태연하게 사냥에 몰두한다. 어두운 나무 뒤로 숨거나 멀리 달아나지 않고도 충분히 사냥할 수 있다는 자신감을 비치는 것이다. 문득 내가 물총새를 기다린 것이 아니라 물총새가 나를 찾았다는 생각이 든다. 과연 그랬다. 내가 살짝 몸을 비틀기만 했는데도 물총새는 소리와 장소를 동시에 수거해 버린다. 나의 일거수일투족이 물총새에게 빠르게 읽힌다. 물총새가 한 수 위다.

물총새
_목포늪
2014 09 08

물총새
_토평천
2013 07 27

새를 좋아하게 되면

　　　　　　　　　　새를 좋아하게 되면 새만 눈에 들어온다. 눈은 언제나 새가 앉을 만한 장소, 새의 먹이가 많은 곳을 향하며 유난히 새 소리가 잘 들리게 된다. 재재거리며 수풀 속을 뛰어드는 뱁새, 버드나무 가지에 앉아서 몸을 까딱거리는 박새, 짧고 통통한 목을 세우고 이리저리 살피는 노랑턱멧새는 자주 볼 수 있어 고맙고, 갑자기 어디선가 날아와 자욱하게 허공을 수놓는 가창오리떼를 보면 뜻밖의 선물을 받은 것처럼 흥분된다. 새를 좋아하게 되면 다른 어떤 곳에서도 느낄 수 없는 색다른 기쁨이 생겨난다. 종일 새만 생각하게 된다.

　나는 새를 좋아하기 때문에 사진을 찍는다. 날아가는 새의 표정을 읽기 위해 쌍안경이나 망원렌즈를 사용하는데 가끔 내가 사용하는 도구들이 새를 놀라게 하지 않을까 걱정하지만 관찰을 멈추기가 어렵다. 하지만 멋진 사진에 대한 욕심은 없고 적당히 마음에 들면 가까이 가지 않으려고 한다.

　새들의 생각은 알 수 없고 새들 또한 내 생각을 알 리 없지만 나는 늘 새에게서 다정한 마음을 느낀다. 늪에 사는 동식물이 다 고맙고 사랑스럽지만 특히 새로부터 얻는 위안과 기쁨이 가장 크다. 새들이 내 머리 위를 날아가며 '쉭쉭쉭' 내는 소리를 듣는 것이 좋다. 때때로 사람보다 새가 더 좋다. 새를 좋아하게 되면 가끔 새가 나를 좋아한다는 착각도 한다.

　새를 보러 갈 때에는 새처럼 생각해 보려 하고 새가 놀라지 않

흰죽지_목포늪   2013 10 16

을 장소를 찾는다. 가만히 있으면 새가 와서 앉거나 숨는다. 나는 새를 관찰하고 기록하고 그러면서 날마다 배운다. 땀이 흐르고 무릎이 깨지면서도 새가 어떻게 알을 낳고 새끼를 길러서 내보내는가를 보는 것만큼 기쁘고 가슴 벅찬 일은 없다. 새의 삶을 존중하면 내 삶도 존중받는 느낌이 든다. 새를 좋아하게 되면 새의 모든 것을 이해하게 된다. 세상의 모든 새를 사랑하게 된다. 알을 품고 새끼를 기르고 헌신하는 새들이 그러하듯 나를 낳고 기른 내 어머니를 적극적으로 이해하게 한다.

물꿩 가족
_우포늪

2013 08 12

큰오색딱따구리 이럴까 저럴까

─────────── 큰오색딱따구리가 혼자 버드나무를 독차지하고 있었는데 갑자기 멧비둘기 한 마리가 날아와 옆에 앉는다. 큰오색딱따구리는 멧비둘기를 힐끔 쳐다본다. 내 구역에 오지 말라고 소리를 질러야 하나, 어쩔까 고민하는 눈치. 버드나무 가지 하나에 두 마리 새가 앉아 있는 것은 아무래도 비좁고 나무한테도 미안한 일이다. '야, 저리 비켜!' 말은 하고 싶지만 큰오색딱따구리는 속만 탄다. 생전 처음 보는 회색 깃털에 엄마랑 닮은 구석이 하나 없는 저 새는 대체 어디서 왔담.

어린 큰오색딱따구리는 호기심과 경계심을 가지고 멧비둘기를 째려본다. 그런데 어라, 정작 멧비둘기는 어린 큰오색딱따구리를 보고도 덤덤하다. 어차피 저 새도 같이 어울려 살아야 한다는 것을 알 테니까 뭐. 이런 식이다. 우포늪에서는 모두가 이웃이 되어야 살 수 있다. 천적이 아닌 다음에야 굳이 신경 쓸 필요가 없다. 그리고 멧비둘기는 평화를 사랑하니까. 하지만 어린 큰오색딱따구리는 자신의 존재를 확실히 알리고 싶어 한다. 멧비둘기가 무섭게 보이지는 않지만 그렇다고 안심할 수도 없다. 이럴까 저럴까 갈팡질팡하는 사이 멧비둘기는 열심히 깃털 손질을 하더니 훌쩍 날아가 버린다. 어린 큰오색딱따구리는 멧비둘기가 날아가는 쪽을 멀뚱히 쳐다본다. '괜히 걱정했잖아.' 옆구리를 긁적긁적하고는 다시 깃털을 다듬기 시작한다.

큰오색딱따구리와
때까치
_목포늪

2013 06 15

멧비둘기
_장재 왕버들 군락

2013 08 27

백로가 있는 풍경

———————— 그들은 어디선가 날아와 풍경이 되었다. 그들은 사계절 내내 늪가의 흙물을 떠나지 않았고 숨은 물고기를 잘 찾아냈다. 날카롭게 먹잇감을 응시하는 큰 눈과 뾰족한 부리, 긴 다리와 새하얀 깃털은 새의 삶을 풍요롭게 채워 주었다. 그들은 먹고 자고 쌌다. 그리고 열심히 새끼를 키웠다. 또 먹고 자고 쌌다. 그것이 그들의 일이었고 살아남기 위한 중요한 과제였다. 해마다 개체 수가 늘어났고 가끔은 물고기를 두고 왜가리와 사람과 겨루는 사이가 되었다. 사람이 도구를 사용할 동안 그들은 고민하지 않고 곧장 부리를 이용하여 원하는 먹이를 구했다. 이런 우월한 존재방식이 그들을 여름철새에서 텃새가 되게 했다. 그들의 이름은 크기순으로 쇠백로, 중백로, 중대백로, 대백로다.

여름밤 백로들은 가득한 흰 물결로 늪의 가로선을 만들곤 한다. 풍성한 흰 꽃들이 다발 째로 늪에 척, 걸쳐진 것 같다. 어두울수록 백로들의 흰색은 더욱 밝게 부풀어 오른다. 가시연꽃이 필 때에는 긴 다리로 성큼성큼 늪을 덮은 가시연꽃 잎 위를 걷거나 가볍게 날아다니면서 먹이를 찾는다. 꽃을 받침대 삼은 너울거림은 그 자체로도 멋있는 꽃 같다. 저녁 무렵엔 노을이 지는 반대편으로 아득하게 꿈꾸듯이 흘러간다. 날갯짓들이 연이어져 가는 모양은 마치 구름이 얕게 떠 가는 것처럼 보인다. 백로들이 늪에 적응하여 만들어 내는 무늬는 그 어떤 새들보다 화려하고 아름답다.

쇠백로
_토평천
2014 08 16

백로 번식
_우포늪 근처
2007 05 18

우포늪, 걸어서

꾀꼬리에게 인사를

─────────── 여름이 지나고 가을이 올 무렵이면 유난히 꾀꼬리 소리가 귀에 와 안긴다. 떠나려는 새의 소리이기 때문이다. 꾀꼬리 여러 마리가 나무 사이를 획획 날아다닌다. 단순히 숲을 날아오르는 것만이 아니라 하나의 날랜 비행물체처럼 숲을 뚫고 들어간다. 검은 소나무 너머에서 번뜩이는 노란빛을 발견하고서야 그게 꾀꼬리라는 것을 알아본다. 또 꾀꼬리들은 이 나무와 저 나무 사이를 회오리치듯이 날아다닌다. 나무의 둘레를 단순히 도는 것이 아니라 지그재그로 방향을 바꾸어 날아다니는 것이다. 날카로운 소리를 내며 날아오르는 여러 마리의 꾀꼬리에게서 서로에 대한 격려와 긴장이 느껴진다. 장거리비행을 앞두고 체력을 단련하는 중이었을까? 아마도 내가 다시 늪에 올 때쯤이면 저 꾀꼬리들은 날아가고 없을 것이다. 나는 속으로 인사를 한다. '잘 지내다 와, 꾀꼬리야. 내년 봄에 만나자.'

꾀꼬리
_사지포
2014 05 12

꾀꼬리
_토평천
2013 06 01

우포늪, 걸어서

가을에 막 도착한 새를 보는 마음

──────── 날아가는 기러기들은 소리조차 내지 않는다. 날갯짓하는 소리만 허공에서 쉭쉭 나온다. 토평천 버드나무 숲을 지나는 다섯 마리 기러기들 몸이 홀쭉하다. 잠도 자지 않고 먹지도 않고 날아오느라고, 우포늪에 오느라고 제 몸의 절반을 써 버렸다. 별들에게 길 밝혀 주는 값을 치렀다.

방금 도착한 기러기들은 있는 힘을 다해 늪의 살림을 알아본다. 힘들게 찾아온 이곳이 살 만한 곳인지, 작년에는 형편이 좋지 않았는데 올해는 식물들이 맛 좋은 씨와 열매를 잘 만들어 놓았는지, 마음을 부려 놓을 곳은 매자기 군락이 좋을지 제방 아래가 좋을지, 처음 우포늪에 데려온 새들은 어떻게 교육을 시켜야 할지, 무사히 다음 계절로 넘어갈 수 있을지……. 어느새 내 마음도 기러기와 같이 늪 구석구석을 둘러보고 있다.

먹이를 찾고 있는
큰기러기
_목포늪

2011 11 15

새들은 정말 노래했을까

─────────── 배가 떴다. 토요일 아침이었다. 큰고니와 큰기러기들이 우포와 사지포를 오가며 우왕좌왕하고 있었다. 공중에서 날갯짓하는 소리가 크게 울부짖는 것 같았다. 어떤 이는 새소리를 듣고 노래한다고 말하고 어떤 이는 운다고 표현한다. 또 어떤 이는 큰고니가 내는 소리를 트럼펫 연주 같다 하고, 큰기러기가 내는 소리는 쓸쓸하다고 말한다. 새들이 악기를 연주하듯이 삶을 표현한다면 좀 좋겠는가. 그러나 새의 마음은 새만 알 수 있다. 더구나 사람 좋으라고 노래하지는 않았을 것이다. 차라리 새들은 절규하고 있는지도 모른다. '우리는 수천 킬로미터를 날아서 우포늪에 왔는데 먹을 것도 없고 너무한 거 아니오?'

만약 새가 노래를 부른다면 짝을 찾기 위하여, 자신의 영역을 지키고 새끼를 보호하기 위해서일 것이다. 아니라면 너무도 맛있는 먹이를 찾은 기쁨을 소리로 표현하는지도 모른다. 가끔 입맛을 다시듯이 '음음음, 뮴뮴뮴' 하는 큰고니를 보면 그런 생각이 든다. 하지만 1939년 윤석중이 포스터의 곡 '벤조를 뜯어라 Massa's in the Cold, Cold Ground'에 붙인 '기러기'는 동요지만 가사가 정말 애잔하다.

> 달 밝은 가을밤에 기러기들이
> 찬 서리 맞으면서 어디로들 가나요
> 고단한 날개 쉬어 가라고
> 갈대들이 손을 저어 기러기를 부르네

먹이를 찾고 있는
큰기러기
_우포늪

2009 01 11

산 넘고 물을 건너 머나먼 길을
훨훨 날아 우리 땅을 다시 찾아왔어요
기러기들이 살러 가는 곳
달아 달아 밝은 달아 너는 알고 있겠지

기러기도 날아가고 밤도 가고 세월도 간다. 새가 노래하는지는 알 수 없지만 노래보다 더 깊고 오래 사람들 마음을 움직이는 것은 확실하다. 다들 새에게서 뭔가를 찾으려 하고 날개를 가진 것만으로도 부러워하니까.

큰기러기_사지포   2013 11 11

제발 좀

전깃줄에 앉은 황조롱이는 어쩌다 내 눈과 마주치면 불쾌하다는 듯이 홱 날아간다. 사람 눈길을 매섭게 받아 내는 새들 중 첫손가락에 꼽을 만하다. 인가 주변에 사는 텃새들은 사람을 두려워하거나 경계하지 않는다. 어쩌다 눈이 마주치더라도 힐끗 보고는 포르릉 날아가 버린다. 박새와 딱새는 사람 곁에서도 예쁘게 지저귀지만 왜가리는 날아오르면서 꼭 기분 나쁘다는 티를 내고야 만다. '왝! 왜?' 하고 항의하듯이 소리를 지르고 간다.

이상한 일이었다. 황조롱이 한 마리가 늪에 들어갈 때도 보았는데 나올 때에도 같은 자리에 앉아 있었다. 날개를 펼치는 것도, 몸을 손질하는 것도 어딘가 어설펐다. 둥지에서 나온 지 얼마 되지 않은 어린 새인 듯했다. 그러나 물려받은 맹금류의 특성을 어쩌지 못하고 몸을 꼿꼿이 하고 들판을 쏘아보았다. 그때 숲에서 나온 멧비둘기 한 마리가 황조롱이가 앉은 전깃줄에 나란히 앉았다. 아마도 멧비둘기만큼 이웃 새들과 잘 어울리는 새는 없을 것이다. 큰오색딱따구리와도 잘 지내고 파랑새 옆에도 천연덕스레 앉는 새가 멧비둘기다.

황조롱이는 자신과 여러 모로 다르게 생긴 멧비둘기를 바라보았다. 머리가 작고 털색이 자신과 비슷하게 닮은 새는 경계할 필요도 없을 듯했다. 사실 멧비둘기보다 신경이 쓰이는 건 아까부터 자신을 올려다보고 있는 사람이었다. 새는 크든 작든, 깃털이 붉든지 검든지 같은 하늘을 날 수가 있지만 사람은 그럴 수가 없다. 이제 막 비좁은 둥지에서 나와 따뜻한 햇볕도 즐기고 의젓하게 깃털 손질도 하고 싶은데, 멋있게 정지비행하면서 꼬물거리는 들쥐 사냥도 하고 싶은데, 대체 저 집요한 눈길은 뭐야? 황조롱이는 자신을 올려다보고 있는 내게 이렇게 외치는 듯 했다. 제발 좀!

황조롱이
_토평천
2013 02 16

청둥오리 수컷의 녹색 스위치

　　　　　　　　새들의 머리에는 변환 스위치가 하나씩 붙어 있다. 새로운 계절이 돌아오고 새 마음을 가지려고 할 때에는 그 스위치를 꼭 눌러야 한다. 광택이 나는 녹색머리는 청둥오리 수컷들만 가질 수 있다.

　　나는 늘 깃털이 자라는 것이 흥미로웠다. 깃털은 어떻게 해서 자랄까? 새가 뭘 먹어서 저렇게 예쁜 색의 깃털이 만들어지는 것일까? 그랜트 알렌은 《깃털을 보고 기뻐하며》(1879)에서 "가볍게 한 조각, 한 이삭 느린 단계들을 거치며 자라 왔고, 또 숨을 내쉴 때마다 맥박이 뛸 때마다 자란다"고 했다. 그렇다면 작은 새들 특히 어린 새끼들의 몸에 날개가 돋고 날개가 자랄 때 그것의 느낌은 어떨까? 어린 새는 자신의 몸에서 날개가 죽죽 자라고 활짝 펴지고 드디어 날게 될 때까지 성장 과정을 고스란히 알고, 기대하고, 저절로 받아들이는 것일까? 새들이 해마다 깃털갈이를 하고 다른 색으로 갈아입을 때마다, 밝고 연한 초록색이었다가 진한 초록색으로 변하는 청둥오리를 볼 때에도 마찬가지 생각을 한다. 새들은 깃털이 바뀌어 갈 때 대체 어떤 기분일까?

　　새는 보통 암컷보다 수컷이 더 화려하고 아름답다. 새의 부리와 깃털에서 보는 노란색과 주황색, 빨간색은 카로티노이드 색소로 만들어지는데 자체적으로 만들어지지 않고 먹이를 통해서만 가능하다. 수컷들이 보여 주는 빨간색, 주황색, 노란색의 차이는 수컷이 카로틴이 풍부한 음식에 접근할 수 있는 능력을 의미한다.

청둥오리와
흰뺨검둥오리의
깃털갈이
_목포늪

2014 10 17

청둥오리들
날아오른다
_우포늪

2014 03 05

즉, 수컷이 좋은 영역을 갖고 있다는 의미이며 암컷에게 약탈을 잘하는 능력이 있다는 것을 보여 주는 표시다. 그래서 수컷은 더욱 더 아름답게 변신해야 하고 깃털갈이를 통해 자신의 능력을 검증받아야 한다. 당연하게도 청둥오리 역시 수컷이 아름다울 수밖에 없다.

청둥오리의 놀라운 점은 겨울철새로 사는 것에서 한 걸음 나아가 사계절 살 수 있는 늪 환경을 마침내 제 것으로 삼은 것이다. 그리하여 지금은 추울 때나 더울 때나 언제 어디서나 가장 가깝게 청둥오리를 볼 수 있다. 환경에 적응한 새는 살아남는다. 그리고 점점 더 강해진다.

청둥오리 수컷
_목포늪   2013 05 11

우포늪, 걸어서

오리야, 하고 부르네

　　　　　　　　　새를 찍을 때면 정작 초점을 맞추어 놓은 새보다 새들의 뒤가 더 궁금하다. 저물녘, 물새들이 모여 있는 곳에 가면 물이라는 거대한 배경으로 인해 다소 모호하거나 생경한 무늬를 만들어 내는 것을 볼 수 있다. 어떤 질감들이 위에서 아래로 힘을 주었거나 밑에서 휘저었거나 해서 생긴 자국들은 그 시간대의 바람과 빛이 만들어 낸 자연 안의 자연이다. 이것들의 놀라운 형태성을 볼 때마다 나는 재미있고 아름답다고 느낀다. 늦은 저녁이라서 새들은 하나의 검은 덩어리처럼 보이는데, 아름다운 날개가 검은 저녁에 합당하게 검어지고 있어 그것만 봐서는 이름을 떠올릴 수 없고 다만 검은 새의 테두리와 습성, 오목하고 볼록하고 날렵하고 유연하고 길쭉하고 뾰족하고 넓적한 것에서 힌트를 얻을 수 있다. 그리하여 오랫동안 봐서 내 귀와 눈에 익은 새들은 마치 철수나 순이처럼 금방 그 이름을 떠올릴 수 있지만 인간이 붙인 새의 이름은 그 특성에 못 미치는 경우가 많고, 새들이 저희들끼리 부르는 진짜 이름은 아직 모르기 때문에(영영 모를 수도 있다) 나는 속말을 하듯이 나직하게 새를 부른다.

　'오리야' 하고 부르면 오리는 그저 깃털을 다듬거나 물속에 부리를 넣고 가만히 있다. 그게 좋다. '오리야' 하고 불러서 오리가 '왜?' 하고 눈을 치켜뜨고 돌아본다면 얼마나 놀랄 것인가. 오리는 오리의 삶을, 나는 나의 삶을, 우리는 서로를 인정하기에 아무런 의심 없이 마주볼 수 있다.

오리와 노을
_우포늪

2014 05 10

노랑부리저어새는 저어야 한다

노랑부리저어새는 끝이 노랗고 넓적한 주걱 모양의 긴 부리를 가졌다. 이 새가 먹이를 얻는 방식은 다른 새들과 확연히 다르다. 백로처럼 물속을 살살 흔들지도 않고 큰기러기처럼 진흙 속을 파헤치지도 않는다. 노랑부리저어새는 늪에 쟁기질을 하듯이 제 몸을 힘껏 밀면서 부리를 이리저리 젓는다.

노랑부리저어새는 현재 멸종위기종으로 우포늪에 찾아오는 수도 그리 많지 않다. 그 이유는 노랑부리저어새가 '저어야' 할 곳이 계속 사라지고 있기 때문이다. 예전에는 사냥꾼들이 모자 시장에 내다 팔려고 노랑부리저어새를 많이 잡았다. 예쁜 새는 늘 수난을 당하고 깃털이 뽑힌다. 날렵하지도 않고 영리한 전략을 짜지도 않는 노랑부리저어새는 오직 부리를 사용하여 먹이를 구한다. 우포늪에서는 눈치 보지 않고 저을 수 있으니 다행이라고 해야 할까. 이들 노랑부리저어새는 힘이 약하다는 것을 알아서인지 늘 같이 모여 있다.

노랑부리저어새
_우포늪

2009 02 11

큰고니가 만들어 내는 우주 한 방울

　　　　　　　　　큰고니들이 물 위에 떠서 자신이 내려앉을 곳을 굽어본다. 두 발을 쭉 내뻗으며 균형을 잡는다. 물에 닿는 순간 두 발로 물을 차 내면서 속도를 멈춘다. 몸이 날렵하게 휘어진다. 한 마리 새를 꽃이라고 부를 수 있다면 새의 날개는 꽃송이고 다리는 꽃대라고 할 수 있을 것이다. 큰고니가 날갯짓을 할 때면 크고 둥그런 흰색 꽃이 활짝 피는 것 같다.

　큰고니처럼 날개가 큰 새들은 늪을 눌렀다가 일으키면서 속도를 낸다. 먼저 목을 길게 빼고 늪을 달린다. 힘차게 물을 걷어 내면서 동시에 물방울이 둥그렇게 파이는 지점을 짚은 후에도 계속 자신의 발걸음을 늪으로부터 떼어 놓기 위하여 빠르게 날갯짓을 한다. 희고 풍성한 날개 안에서 새의 힘이 소용돌이친다. 새는 강하게 수면을 박차고 일어서야 한다. 그렇게 하지 않으면 물의 뿌리에 걸려서 넘어질 수 있다. 속도에 발을 다치면 날아오르지 못할 뿐만 아니라 늪이 다시는 받아 주지 않을지도 모른다.

　늪은 새들이 날갯짓을 하는 중에도 쉴 새 없이 진흙 아래를 움직여 먹이를 꺼내기 좋게 만든다. 새들이 뛰어가면서 날아가고 날아오면서 발가락을 쫙 펼치는 이유를 잘 알기에 그렇다. 늪을 사랑하지 않았다면 새들이 그처럼 자신을 활짝 열고 물에 내려앉을 이유가 없다. 새들이 물을 짚으면서 발휘하는 리듬은 세상에서 가장 현명한 음악과도 같다. 우주가 힘차게 새의 두 발끝에서부터 번득이는 물방울들로 끌어올려진다.

큰고니
날아오른다
_사지포

2012 03 12

우포늪의 새들

우리나라는 지리적으로 동아시아 - 호주 철새 이동 경로의 중간에 위치하고 있어 철새들의 주요 월동지, 중간 기착지, 번식지로 이용된다. 중간 기착지는 사람의 삶으로 치자면 고속도로 휴게소와 같은 것이다. 새들이 장거리 이동을 할 때 중간에 내려서 잠깐 쉬거나 영양을 보충하는데 우포늪이 그 역할을 한다. 그러나 기후대가 변하면서 우포늪에서 번식하는 새도 다양하게 늘었다. 열대권에 사는 물꿩은 1993년 주남저수지에서 처음 발견된 후 2007년에 번식을 했고, 2011년 우포늪에서도 번식을 했다. 2015년에는 팔색조가 번식을 했고 2016년 6월에는 장다리물떼새가 늪 안의 작은 모래톱에 둥지를 지었다. 하지만 비가 많이 오고 기상이 좋지 않아 새끼들이 나왔는지, 살아남았는지는 알 수가 없다. 우포늪에서 관찰되는 새는 약 90여 종이다.

텃새 : 박새, 딱새, 붉은머리오목눈이, 큰오색딱따구리, 청딱따구리, 쇠딱따구리, 황조롱이, 까치, 까마귀, 멧비둘기, 직박구리, 꿩, 때까치 등

여름철새 : 꾀꼬리, 파랑새, 개개비, 뻐꾸기, 청호반새, 후투티, 붉은배새매, 쇠물닭, 물총새, 해오라기, 검은댕기해오라기, 황로, 쇠백로, 중대백로, 왜가리, 꼬마물떼새, 흰목물떼새, 알락할미새, 노랑할미새 등

겨울철새 : 큰고니, 고니, 큰기러기, 쇠기러기, 개리, 청둥오리, 청머리오리, 홍머리오리, 넓적부리, 알락오리, 흰죽지, 댕기흰죽지, 고방오리, 개똥지빠귀, 되새 등

나그네새 : 댕기물떼새, 장다리물떼새, 청다리도요, 꺅도요, 깝작도요, 삑삑도요 등

천연기념물 : 노랑부리저어새천연기념물 제205호, 큰고니천연기념물 제201호, 흰꼬리수리천연기념물 제243호, 매천연기념물 제323호, 수리부엉이천연기념물 제324호, 개리천연기념물 제325호 등

멸종위기1급 : 노랑부리저어새, 매, 흰꼬리수리 등

멸종위기2급 : 개리, 고니, 독수리, 말똥가리, 새호리기, 수리부엉이, 큰고니, 큰기러기, 흰목물떼새 등

자료 출처_창녕군 홈페이지

파랑새_토평천

때까치_목포늪

중대백로_토평천

큰기러기들_소목제방

2013 11 11

청머리오리와 홍머리오리들_목포늪

4

우포늪을 이루는 토평천 물길

불어난 물을
알맞게 나누는 늪

토평천에서 흘러온 물이 늪의 바닥을 들먹인다
비가 세차게 왔다
슬금슬금 물풀이 쓸리며 눕는다
물은 어디로든 가야 한다
늪 가장자리를 벗어나 버드나무 밑을 흘러간다
물이 넘쳐 길과 늪의 경계를 사라지게 한다
낙동강에서 역류한 물이 늪으로 밀려온다
범람이다
물과 물이 작당한다
물이 둑을 넘보고 길을 넘어 산기슭까지 올라간다
늪은 모든 물을 다 끌어안는다
그래서 강 배후습지
배후의 물들이 늪 안에 모였다가 다시 제 갈 길을 간다
새들은 조용히 기다리고 있다
늪이 다시 부를 때까지

창산대교_토평천

토평천_주매잠수교 부근

춤추는 나사말

토평천과 우포늪, 사지포를 잇는 주매잠수교는 큰 비가 오면 물에 잠기는 세월교洗越矯다. 이 다리 아래엔 흐르는 물에 사는 나사말이 능청거린다. 나사말은 작은 알갱이 같은 수꽃이 물 위로 올라와 암꽃과 만나 수분을 하는데 수정 후 암꽃의 줄기가 나사처럼 도르르 말려서 다시 물속으로 가라앉기 때문에 '나사말'이라는 이름이 붙었다. 나사말 위에는 나비잠자리와 물잠자리들이 자주 앉는다. 햇빛이 잘 드는 곳을 좋아하는 물잠자리 수컷은 암컷에게 잘 보이고 싶어 광택이 나는 검은 날개를 햇빛에 반사시켜 더욱 빛나 보이게 한다.

나사말은 촘촘한 제 속살의 마디에서 무슨 일이 일어나는지를 잘 알고 있고 그걸 경쾌하게 움직이면서 한여름을 넘긴다. 사람들이 두 개의 나무판을 겹쳐서 단단하게 할 요량으로 나사를 조이는 것과 같이 나사말도 흐르는 물을 조였다 풀었다 한다.

토평천

우포늪을 흐르는 토평천은 경상남도 창녕군 고암면 감리 열왕산해발 662.5미터에서 시작하여 북측에는 왕영산과 진봉산이 분수령을 이루고, 남측에는 열왕산과 관룡산해발 739.7미터, 화왕산해발 756.6미터가 분수령을 이룬다. 토평천은 동에서 서로 흐르다 창녕군 유어면 대대리에서 우포에 유입되어 동남방향으로 여러 번 'S'자 모양으로 물길을 바꾸어 가며 내려가다 창녕군 유어면 구미리에서 낙동강으로 유입한다. 토평천 유역 면적은 67.1제곱킬로미터, 유로 연장은 12킬로미터다. 유역의 형상은 남북에 비해 동서의 유역 폭이 넓은 장방형으로 유역의 평균 폭은 약 5.6킬로미터에 이른다.

자료 출처_창녕군 홈페이지

나사말과 물잠자리
_토평천
2014 09 06

나비잠자리
_토평천
2010 07 14

서로 속이고 속고도 모르는 척하는 사이

꼬마물떼새 부부가 조심스럽게 둥지 주변을 살핀다. 동그랗고 새카만 눈, 선명한 노란색 눈테와 가늘고 긴 다리, 뾰족한 부리는 잠시도 가만히 있지 않는다. 사방을 돌아보고 경계하며 둥지를 지키려고 한다. 나는 새의 둥지에서 2미터 가량 떨어진 갈대밭에 숨어서 꼬마물떼새가 알을 품는 것을 보고 있다. 두 시간이 지났다. 꼬마물떼새는 더워서 부리를 아, 벌린다. 부리 끝에 땀방울이 맺힌다. 숨어서 새를 지켜보는 내 마음에도 땀이 흐른다.

나는 새를 좀 더 가까이에서 보고 싶은 마음을 참는다. 만약 내가 일어서거나 몸을 움직이면 꼬마물떼새는 당황할 것이다. 날개 한쪽을 바닥 쪽으로 향하게 하고 마치 다리를 다친 것처럼 보이게 하는 의태擬態 행동을 할 것이다. 나는 꼬마물떼새가 내 존재를 몰라보도록, 눈치 채지 않도록 조심해야 한다. 사실 새보다 더 많이 긴장한 것은 나다.

꼬마물떼새는 종종거리며 먹이를 찾는다. 갑자기 인기척을 느끼고는 풀숲으로 들어간다. 풀잎 사이로 나를 본다. 어쩌나 본다. 혹시 나를 알아보았을까? 나는 가만히 있다. 꼬마물떼새는 내 눈치를 살핀다. 나도 저 꼬마물떼새와 같다. 익숙하지 않은 기척이 느껴지면 조용히 숨는다. 조심스럽게 움직이면서 사라지는 쪽을 택한다. 저 새와 내가 숨고자 하는 것은 두려워서가 아니라 배려하기 때문이다.

꼬마물떼새
_토평천
2013 05 18

꼬마물떼새와 새끼
_토평천
2013 06 06

우포늪, 걸어서

우리는 서로 속이고 속고도 모른 척하는 사이. 나는 사람이 아닌 척하고, 새는 새가 아닌 척 연기를 한다. 위장과 흉내는 서로를 자세히 알려고 하는 데서 나오지만 우리의 속임수는 서로를 다치게 할 만큼 심각하지는 않다. 갑자기 왜가리가 '왝' 소리를 지르며 날아가자 꼬마물떼새는 자갈밭에 납작 엎드린다. 왜가리는 날개 그림자만으로도 작은 새들을 불안하게 한다. 유혈목이도 소리 없이 둥지를 노린다.

꼬마물떼새 새끼는 꼬마물떼새 부부가 교대로 알을 품은 지 약 25일이 지나면 나온다. 꼬마물떼새 부부는 제대로 서지도 못하고 비틀거리는 새끼들을 데리고 물가로 간다. 이상한 기척이 느껴지면 얼른 새끼들을 불러 품 안에 넣는다.

토평천 자갈밭에는 해마다 꼬마물떼새와 흰목물떼새가 둥지를 짓고 번식을 한다. 그러나 하천정비사업으로 새들의 둥지는 파괴되었고 이전만큼 새들이 많이 보이지 않는다. 늘 그곳을 지날 때면 '삐우~' 하는 물떼새 소리를 들을 수 있었지만 지금은 수풀만 무성하다. 토평천의 자갈과 모래는 대체 누가 어디로 가져간 것인가. 자갈밭에 오목하게 나 있던 그 많은 물떼새들의 둥지는 어떻게 되었는가. 새소리가 들리지 않는 토평천을 지날 때면 마음이 울적해진다. 흰목물떼새는 환경부 지정 멸종위기야생동물2급으로 지정되어 있다.

유혈목이
_토평천

식물의 시계, 노랑어리연꽃

─────────── 식물의 시계는 사계를 향해 재깍재깍 움직인다. 해와 달이 식물을 지나가며 색을 돌리고 식물의 꽃과 열매를 돌린다. 돌리는 것은 번식을 준비하는 것이고, 멀리 날아갈 수 있다는 것이고, 이제 초침의 영역에서 계절의 영역으로 식물의 몸이 바뀌는 것을 말한다. 물 안에서, 물 밖에서 식물이 칠한 색들이 사방으로 번진다. 처음의 색을 다른 색으로 바꾸며 엷은 색은 짙게, 밝은 색은 더욱 환하게 칠하며 시계는 재깍재깍 돌아간다.

수생식물은 대부분 오전 일찍 꽃을 피우고 햇빛이 강한 오후에는 꽃을 오므린다. 노랑어리연꽃은 해가 뜨면 곧바로 꽃을 피우고 마름은 아침 10시부터, 가시연꽃과 수염마름은 아침 11시부터 꽃을 피운다. 마치 서로 겹치는 시간을 피하려고 약속이나 한 듯이 차례차례 꽃을 피우는 것이 재미있다.

노랑어리연꽃은 토평천의 봄을 물들이는 대표적인 수생식물이다. 흐르는 물 위에 떠오른 노란 꽃물결은 마치 사랑을 고백하려고 켜놓은 아름다운 촛불 행렬 같다. 그러나 그 사랑은 오전에만 열리고 오후에는 닫힌다. 노랑어리연꽃은 새침하게도 다음 날 아침이 될 때까지 입을 꼭 다물고 있다. 꽃만 봐서는 수줍은 아가씨 같지만 도도하기 짝이 없다. 그러나 그 샛노란 입술과도 같은 꽃봉오리를 보면 서운했던 마음은 간 데 없고 좀 더 자세히 보려고 고개를 숙이게 된다. 유혹할 줄 아는 꽃이다.

노랑어리연꽃_토평천　　2007 05 18

잠자리에게는 안 된 일이지만

잠자리 두 마리가 서로 맞붙은 채로 빙글빙글 결혼비행을 한다. 수컷의 배 끝에 집게가 있어서 그것으로 암컷 목 부분을 꽉 잡고 날아다니는 것이다. 짝짓기 후에는 수면에 꼬리를 담갔다 뺐다 하며 알 낳을 장소를 살핀다. 잠자리들은 대개 물속에 알을 떨어뜨리지만 왕잠자리나 실잠자리는 부드러운 식물의 줄기에 알을 낳는다. 잠자리 알은 낳은 후 2주일이 지나면 유충이 되는데 잠자리 유충은 잠자리 수채라고도 한다. 생김새가 전갈과 비슷하다고 해서 전갈 '채蠆' 자를 쓴다.

잠자리 수채는 10~15번 정도 껍질을 벗으며 몸집이 커지고 턱이 발달하여 무엇이든 닥치는 대로 잡아먹는다. 장구벌레, 실지렁이, 올챙이는 물론 저보다 몸집이 큰 물고기까지 삼킨다. 유충일 때는 물속에서 육식성 먹이를 먹는 무서운 포식자로 살고, 날개돋이를 하여 물 밖으로 나와서는 식물성 먹이를 먹는 잠자리는 두 가지 삶을 사는 조금 특별한 곤충이라고 할 수 있다.

늪은 잠자리의 왕국이라고 할 만큼 많은 잠자리들이 살고 있기 때문에 더욱 활발한 생명활동이 일어난다. 전 세계의 쥐를 일러 생명의 양식이라고 하듯이 잠자리도 새와 개구리 등 많은 동물의 고마운 양식이 된다. 잠자리에게는 안 된 일이지만 그래도 물속에서 한 번은 포식자로 살아 봤으니 그리 억울할 것은 없겠다.

방패실잠자리
_우포늪

2012 07 01

실잠자리
_토평천

2015 05 05

왕잠자리 우화
_생태관 연못
2019 04 06

노란허리잠자리
_목포늪
2012 07 17

왕실잠자리 짝짓기
_대대제방
2012 06 07

노란실잠자리
_소목
2012 07 01

우포늪, 걸어서 115

원앙이 삵을 몰아낸다

──────── 여름이었다. 원앙 한 무리가 삵을 빙 둘러싸며 구석으로 몰아가고 있었다. 어쩐 일인지 원앙은 매우 화가 났고 '에에에, 에에에에' 꽤나 자극적인 소리로 삵의 뒤를 쫓아갔다. 삵은 풀숲에 숨어 있다가 발각되는 통에 조금은 주눅이 든 상태였다. 원앙들이 떼로 달려드니 몹시 당황한 듯했다. 원앙은 허둥지둥하는 삵을 쫓아가며 또 한 번 '에에에에' 소리를 냈다. 번식기의 새들은 예민하다. 둥지 근처에 누가 오는 것을 싫어하는데 마침 삵이 기웃거리다가 들킨 것 같았다.

삵은 늪의 제왕이라 불릴 만치 사냥에 뛰어나고 달리 상대할 적수가 없다. 주로 쥐를 잡지만 납작하게 숨어 있다가 무리로부터 떨어진 새를 덮치기도 한다. 큰고니와 큰기러기처럼 덩치가 큰 대형조류는 단숨에 날아오르기 힘들고 물에서 공중으로 날아오르려면 추진력이 필요한데 삵이 그 틈을 노리는 것이다. 이 때문에 겨울철새들은 서로 촘촘하게 몸을 잇대어 방어막을 친다. 약자가 강자를 상대하려면 힘을 모으는 수밖에 없다. 원앙들도 그렇게 했다.

원앙의 '에에에에, 에에에' 하는 소리는 은근히 위협적이었다. 꼭 그 때문만은 아니겠지만 삵은 수풀을 밟고 건너편 숲으로 이동하려다가 주르륵 미끄러지기까지 했다. 제왕의 면모가 말이 아니었다. 원앙은 삵이 완전히 사라진 후에야 소리를 멈추었다. 그런데 이상스러운 점이 있었다. 삵을 몰아내는 원앙 여섯 마리가 모

원앙 부부
_토평천
2010 10 12

삵
_목포늪
2014 09 08

두 암컷이었다. 어떻게 모두 암컷일 수가 있을까? 그즈음 일곱 마리의 원앙수컷들이 왕버들 밑에서 조용히 깃털 손질을 하고 있던 게 떠올랐다. 원앙수컷들은 뭔가를 초조하게 기다리고 있는 것 같았다. 혹시 암컷이 알을 품고 있어 밖에 나와 있는 것일까? 나무 밑을 빙빙 돌면서 소식이 오기만을 기다리고 있었던 건 아닐까? 그 모습은 마치 산부인과 복도를 서성이며 안절부절못하는 임부妊婦의 남편들 같았다. 원앙수컷들은 미끄러지듯이 헤엄을 치다가 '풋풋' 목욕을 하고는 나뭇가지에 올라갔다. 한 마리, 두 마리, 세 마리, 이윽고 모두가 나란히 앉아서 부리를 깃털에 묻더니 눈을 감았다. 그리고 꼼짝도 하지 않았다. 원앙수컷과 암컷은 각기 다른 장소에 있었지만 뭔가 대단한 일을 벌이는 것이 분명했다. 봄이니까. 모두가 숨죽이며 기다리는 그 순간을 위해 나는 조용히 그 자리를 벗어났다.

삶을 내몰고 있는
원앙들
_토평천

2010 08 10

올해 보는 새가 작년의 그 새인지

———————— 어느 겨울에 천변의 큰 나무들이 베어졌다. 며칠 후 그 자리에 큰 구덩이가 생기고 넓적한 돌들이 개울 바닥을 차지하고 앉았다. 물총새가 물고기를 노리며 앉아 있던 나뭇가지는 사라지고 없다. 여름날 흰뺨검둥오리들이 새끼를 몰고 다니던 수풀에는 반듯하게 길이 났다. 쇠백로와 왜가리, 중대백로, 대백로가 한 자리에서 서서 물고기 사냥을 하던 오후 다섯 시, 검은댕기해오라기가 미동도 없이 물속을 들여다보고 아름다운 댕기물떼새가 작은 돌 틈을 뒤지던 물가, 밭종다리와 알락할미새가 꽁지를 까딱거리던 날도 사라졌다.

토평천에 깃들여 사는 생명을 삽시간에 사라지게 만든 것은 하천정비사업이다. 매일 굴착기와 덤프트럭이 굉음을 내며 자갈을 퍼냈다. 다리 위를 지나가는 사람들은 알까? 멋쟁이새들이 풀씨를 발겨 먹고 인기척에 놀란 장끼가 엎드린 채 살금살금 풀숲으로 도망가는 것을, 황조롱이가 갈대숲에 뛰어들 때 붉은머리오목눈이는 떼를 지어 날아가고 댕기물떼새는 바위 뒤로 슬그머니 돌아서는 것을. 삑삑도요 두 마리가 내외하듯이 멀뚱멀뚱 서 있던 곳, 한 마리가 다른 한 마리를 졸졸 따라다니며 야릇한 분위기를 풍기더니 끝내 짝짓기를 하던 곳은 이제 사라지고 없다. 자갈이 있던 자리는 움푹 파여서 물이 그득하게 차올랐다. 다시 봄이 와서 물이 흐르고 꽃이 피어도 올해 보는 새가 작년의 그 새인지 알 수가 없다.

흰목물떼새
_토평천
2013 04 07

토평천 공사
2013 05 01

우포늪, 걸어서 *121*

우포늪에 관해 궁금한 몇 가지 것들

우포늪이란?

우포늪은 창녕군 대합면, 이방면, 유어면, 대지면에 걸쳐 있는 국내 최대의 자연늪으로 평균 수심은 1미터를 넘지 않으며 홍수 때 낙동강에서 역류한 물이 빠져나가지 않아서 생긴 강 배후습지다. 우포늪은 1억4000만 년 전 한반도가 생길 무렵에 만들어졌다고도 하고, 약 6000년 전 빙하가 녹은 물이 땅과 해안선을 구분했고 강물이 계속 들어왔다가 고이고 쌓이는 과정을 되풀이하며 만들어졌다는 말도 있다.

우포늪은 언제부터 보전이 되었을까?

우포늪은 1962년 철새도래지로 천연기념물 지정이 되었지만 1973년 철새 수의 감소로 지정이 해제되었다. 하지만 1998년 3월 물새서식지로 국제적인 중요성을 인정받아 국제 람사르협약 Rarmsar Convention에 등록되었고, 1999년 2월 환경부에 습지보호지역으로 지정되었다. 그리고 2004년에는 생태경관보전지역, 2011년에는 천연보호구역 천연기념물 제524호로 지정되었다. 습지보호지역으로 지정된 면적은 약 854만 제곱미터, 천연보호구역은 약 343만 8000제곱미터, 물을 담고 있는 우포늪 습지 면적은 약 231만3000제곱미터다. 우포늪은 2012년 2월 8일에는 습지개선지역 6만2940제곱미터으로 지정되고 습지보호지역 당초 8540제곱킬로미터, 변경 8547제곱킬로미터으로 변경되었다.

우포늪을 소벌이라고도 부르는데 소와는 어떤 관련이 있나?

이방면 소목마을 우항산牛項山에서 내려다보면 마치 소가 물을 마시는 것처럼 보인다고 해서 붙여진 이름이 소벌이다. 또는 소 울음소리가 많이 들리고 농사가 잘 되기를 바라는 마음에서 지어졌다는 말도 있다. 소벌 주변에는 유난히 소와 관련된 지명이 많은데 소가 침을 흘린다고 하여 시추말리, 구멍이 뚫린 산의 바위가 소의 코처럼 생겼다고 해서 소코덤, '소가 노는 산'인 소장미마 우만마을, 소도둑이 소를 훔쳐 산으로 몰고 가다가 굴러 떨어진 후부터 부르게 되었다는 소바우, 소를 사고팔았던 소전마을 등이 있다.

습지와 늪은 어떻게 다른가? 습지와 늪은 왜 필요한가?

습지는 물이 흐르다 고이는 과정이 오래 반복되며 생기는 곳이다. 또 다양한 생명체를 키워내는 곳이고 생산과 소비의 균형이 이루어진 살아 있는 생태계다. 습지는 많은 생명체에게 서식처를 제공하며 습지에 사는 생명체들은 생태계가 안정된 수준으로 유지될 수 있도록 맡은 역할을 한다. 특히 우리나라의 습지는 호주, 뉴질랜드와 시베리아를 잇는 철새 이동 경로에 있기 때문에 중요한 가치를 지닌다.

람사르협약에서 말하는 습지는 자연적이든 인공적이든, 영구적이든 임시적이든, 물이 정체되어 있든 흐르고 있든, 담수이든 기수이든 염수이든 관계없이 소택지늪과 연못으로 둘러싸인 습한 땅, 습원습지에 식생이 발달한 곳, 이탄지해안습지, 배후습지 등에서 수생식물, 정수식물의 유해가 미분해되거나 약간 분해된 상태로 두껍게 퇴적된 토지 또는 물로 된 지역을 말하며 간조 때 수심이 6미터를 넘지 않는 해역을 포함한다. 즉, 갯벌, 호수, 하천, 양식장, 해안은 물론 사막의 오아시스와 논도 포함된다.

늪이란 1년 내내 또는 장마나 홍수 때 물에 잠기며 수심이 2미터 정도인 습지를 말한다. 개흙뻘이 주성분인 늪의 바닥은 부드럽고 양분이 많으며 햇빛과 온도가 적당하고 물의 흐름이 느려서 여러 가지 수생식물과 동물들이 살기에 좋다. 우포늪은 후빙기신생대 제사기 플라이스토세의 빙하시대 이후 지금까지 이어지는 지질시대에 바닷물이 높아지고 홍수 때 생긴 자연제방이 샛강의 입구를 막아 생긴 자연늪이다.

늪은 물을 맑게 하고, 장마철에 물을 담아 두는 자연 댐 역할을 하여 홍수를 예방하며, 동식물에게 먹이를 공급하여 종 다양성을 유지하게 한다. 또한 사람에게는 삶의 터전을 마련해 주고, 늪 바닥에서 올라오는 이산화탄소를 이용해 광합성 작용을 하고, 산소를 공기 중으로 내보내는 역할을 하며, 아이들에게는 생태의 가치를 알게 하는 좋은 학습장소가 되어 준다.

우포늪 생명길 걷기 코스

1코스	총 1.5킬로미터
걸어서 30분	생태관 ➡ 삼거리 늪안내도 ➡ 제1전망대 ➡ 숲탐방로1길 ➡ 생태관

가볍게 산책하듯이 걷기 좋은 길이다. 생태관에서 출발하여 삼거리 버드나무 아래에 서면 드넓은 우포늪을 볼 수 있다. 전망대에 오르면 망원경이 있어 멀리 사지포와 쪽지벌 일부를 볼 수 있으며 전망대 뒤편으로 난 산길을 내려오면 세진주차장으로 연결된다.

2코스	총 4킬로미터
걸어서 1시간	생태관 ➡ 삼거리 늪안내도 ➡ 대대제방 ➡ 자전거반환점 ➡ 대대제방 ➡ 제1전망대 ➡ 숲탐방로1길 ➡ 생태관

우포늪을 가까이에서 보고 느끼는 길이다. 대대제방에서 탁 트인 늪을 봐도 되고 전망대에 올라 망원경으로 늪의 구석구석을 살피는 것도 좋다. 느릿느릿 흘러가는 구름과 앞서거니 뒤서거니 걷는 사람들 틈에서 홀로 반짝이는 들꽃에 눈길을 주어도 좋고 시원한 바람소리에 귀 기울여도 좋다. 그러다 문득 물풀들이 늪에 펼치는 색과 무늬를 바라보게 되고, 어느새 풍경 안에 들어간 스스로를 기특해 하며 걷게 된다.

3코스   총 4.8킬로미터

걸어서 2시간   소목마을 주차장 ➡ 숲탐방로3길 ➡ 목포제방 ➡ 우만제방

➡ 장재 왕버들 군락 ➡ 장재마을 ➡ 소목마을 주차장

왕버들 군락이 있는 목포늪 일대를 돌아보는 길이다. 숲탐방로길과 생명길을 같이 쓰고 있어 살짝 헛갈릴 수도 있다. 어부들이 사는 소목과 장재마을이 있어 봄과 가을에는 물안개 피어오르는 아름다운 늪과 고기잡이 하는 어부를 볼 수 있다.

3코스   총 8.4킬로미터

걸어서 2시간   생태관 ➡ 대대제방 ➡ 주매잠수교 ➡ 사지포제방 ➡ 숲탐방로2길

➡ 주매제방 ➡ 소목마을주차장 ➡ 숲탐방로3길 ➡ 제2전망대

➡ 목포제방 ➡ 징검다리 ➡ 사초 군락 ➡ 자전거반환점

➡ 제1전망대 ➡ 삼거리 늪안내도 ➡ 생태관

우포늪, 사지포, 목포를 돌아보는 길이다. 사지포제방에 이르면 두 개의 길로 갈리는데 첫 번째는 팽나무가 있는 산길, 두 번째는 제방 아래 90미터쯤 내려가서 출발하는 생명길이다. 어느 길을 가든 숲길과 주매제방으로 이어지며 목포늪을 지나 다시 우포늪으로 돌아오게 된다.

걷기 코스 자료 출처_창녕군 홈페이지

쪽지벌

시간 여유가 있다면 쪽지벌도 꼭 들러 보자. 쪽지벌漑漁浦은 우포늪 중에서 가장 작은 늪이다. 쪽지나 쪽박처럼 작다는 뜻이라고 하지만 예전에는 쪽지벌을 잠어실마을 가까이 있어 '잠어벌' 또는 '잠어포'라고 불렀다. 잠어실은 '물고기가 숨었다'는 뜻의 잠어潛漁인데 마을 앉음새가 산자락 안에 감싸여 있어 안온하다. 잠어실을 지나면 모곡, 이산, 호포, 상리, 성산마을로 이어진다.

걷기 전에 기억해야 할 것

1. 햇빛을 가릴 모자와 물, 긴팔 옷, 운동화를 준비한다.
2. 새들이 경계하는 원색의 옷을 피한다.
3. 정해진 길로만 다니고 쓰레기는 되가져 간다.
4. 나물 채취나 야생동물 포획 등 자연을 훼손하지 않는다. 우포늪은 보전지역이라 식물을 채취하는 것, 수서곤충을 뜰채로 건지는 것 등의 행위가 금지되어 있다.
5. 새들은 가능한 멀리서 관찰한다.
6. 안내판, 전망대, 관찰대 등 시설물을 깨끗하게 이용한다.
7. 늪 안에서 인화물질을 소지하거나 흡연을 하지 않는다.
8. 개와 고양이 등 애완동물을 데려오지 않는다.
9. 취사, 야영, 주차는 지정 장소에만 한다.

INFORMATION

문의	(055)530-1556(1524)
	우포늪생태관 (055)530-1551
	www.cng.go.kr/tour/upo.web
입장료	어린이 1000원
	청소년·군인 1500원
	어른 2000원
숙박	우포생태촌 경상남도 창녕군 이방면 우포2로 330
	(055)532-5500
	upovill.cng.go.kr

5

걸어서 30분
1코스

바람이 불고 _____ 잉어가 뛰어오른다

애기똥풀이 둘러싼 사지포의 봄_사지포

지금은 볼 수 없는 가지런한 이태리포플러_사지포

물옥잠 군락. 지금은 사라지고 없다_사지포

색이 짙어지는 가을 _ 사지포

저물녘_소목나루

2011 12 03

안개_목포늪

버드나무에 부는 바람

봄에는 나무에 노래가 핀다. 싱그럽게 돋아나는 연둣빛 리듬을 청딱따구리가 먼저 알아보고 콕콕 쪼아 본다. 버드나무는 느슨하고 부드럽고 가늘다. 물가를 이어 촘촘하게 늘어서서 물을 검사한다. 버드나무가 물을 좋아하기 때문이다. 물을 가득 담아서 제 몸에 저축한 후에 또 다시 물이 오면 검사를 한다. 물을 한없이 들이켜도 나무는 탈이 나지 않는다. 버드나무 몸에는 자동배수장치가 있어 물을 흘려보내고 받는 기능이 늘 가동된다. 홍수가 나면 버드나무는 물을 더 이상 들이켤 수 없어서 눕는다. 휘어지며 물을 끌어안다가 물이 거칠게 꺾어 버리면 또 그 자리에서 넘어진 채 물을 받는다. 버드나무만큼 유연한 펌프도 없다.

우포늪의 미루나무가 사지포 미루나무에게 묻는다.

"거긴 어떤가요, 지낼 만한가요?"

"별일 없답니다. 새들이 하도 짓궂어서 가지가 조금 벗겨진 것 외에는 좋아요."

"다음 해에는 더 예쁜 잎을 만들어야겠어요."

"왜요?"

"그래야 더 많은 새들이 날아와서 새끼들을 숨길 수 있을 테니까요."

"참 좋은 생각입니다."

새와 나무는 사이좋게 햇빛과 바람을 내주고 부풀려 준다.

늪으로 가는 길 양 갈래 사이에 오목하게 들어간 초지는 원래

미루나무
_우포늪 삼거리   2010 09 23

미루나무
_우포늪 삼거리   2009 10 28

인근 마을 사람들의 마늘밭이었다. 그러나 지대가 낮고 늪과 인접해 있어 큰비만 오면 물이 들어 농사를 짓기가 힘들었다. 이곳은 물에 잠겼다가 빠져나가는 일이 반복되어 독특한 식생완충지대가 되었다.

봄이면 길가 어디서나 광대나물, 꽃다지, 민들레, 냉이, 수크령 같은 식물을 볼 수 있지만 늪으로 갈수록 물을 좋아하는 갈대와 물억새, 창포, 개구리자리 같은 식물을 볼 수 있다. 물의 영향을 가장 많이 받는 식물은 버드나무다. 버드나무는 날이 따뜻해지고 바람이 불면 흰 솜털이 달린 갓을 달고 날아다닌다. 흔히 꽃가루로 알려져 있지만 공중에 둥둥 떠다니는 솜털은 수정된 버드나무 씨앗으로 바람을 타고 내려앉을 곳을 찾아다니는 것이다. 버드나무에는 많은 곤충들이 산다. 주로 잎벌레들인데 버드나무 잎이 후줄근하게 갈변되었거나 끝이 오그라든 것은 잎벌레들이 지나간 자국이다. 버드나무가 내뿜는 물질인 아세틸살리실산은 인간에게는 진통제이지만 곤충에게는 치명적인 독약이다. 하지만 잎벌레들은 그 독약을 극복했다. 버드나무에 벌레들이 버글버글하니 새들이 좋아할 수밖에 없다.

나는 늪의 나무들에게 이름을 붙여 주었다. 나만이 아는 이름이다. 토평천 소야의 키 큰 버드나무는 근방의 새들이 모두 좋아하는 나무다. 봄에는 파랑새가 둥지를 틀고 새끼를 키운다. 그래서 붙인 이름이 '파랑새나무'다. 새끼파랑새는 전깃줄에 깡똥하니

남색초원하늘소
_우포늪   2007 05 30

중국청남색잎벌레
_우포늪   2013 06 15

앉아 있다가 무슨 이상한 소리가 나면 얼른 나무속으로 뛰어든다. 옥천제방 올라가는 길목에 선 커다란 버드나무는 '꾀꼬리나무'다. 꾀꼬리가 새끼들을 데리고 나무 사이를 오가며 날기 연습을 시키는 것도, 갓 이소 離巢, 새의 새끼가 자라 둥지에서 떠나는 일한 새끼꾀꼬리 네 마리가 엉거주춤한 자세로 나뭇가지에 나란히 붙어 있는 모습을 본 것도 그곳이다. 새들에게 나무는 사랑의 보금자리이자 병원, 육아방, 놀이터, 쉼터다. 늪에 사는 동물의 집과 은신처를 제공하는 식물의 품은 이처럼 넓다.

쏴아 쏟아진다
쏴아
쏴아
다 지나가네

가을에 잎이 떨어지고 가지 사이가 헐숙하게 비면 봄에 왔던 새들은 가고 겨울 철새들이 날아온다. 늪가의 버드나무 아래로 작은 오리들이 모여든다. 나무 아래에는 쇠오리가 좋아하는 생이가래 포자가 그득하다. 늪에 가라앉은 수생식물의 줄기와 씨앗은 새들의 맛있는 먹이가 된다. 그리고 겨울이 오면 버드나무는 거침없이 바람을 몰아 늪으로 흘려보낸다. 더 단단해지고 의젓해지라고 다 같이 맨몸으로 추위를 견딘다.

왕버들 군락_목포늪   2009 04 05

잉어가 뛰어오르는 봄

제방에 서서 늪을 내려다보면 잔잔한 수면을 왈칵 열어젖히듯이 뛰어 오르는 물고기를 볼 수 있다. 자신의 용솟음치는 기운을 과시하듯이 단번에 물을 움푹 떠낸다. 잉어는 지금 후대에 남겨 줄 놀랍고 자랑스러운 일을 벌이려는 것이다. 진흙과 물풀 사이를 휘돌다가 가라앉는 등과 지느러미, 번쩍이며 수직으로 꽂히는 꼬리는 날렵하면서도 둔중하다. 한가롭게 꽁지를 까닥거리며 지나가던 쇠물닭은 깜짝 놀라 달음박질치고 잉어는 늪을 철썩이며 제 이름을 알린다.

우포늪의 물고기들

우포늪에는 붕어, 잉어, 미꾸라지, 메기, 가물치, 버들붕어, 참몰개 등의 고유종과 베스, 떡붕어, 블루길 등 외래종을 합해 총 15과 42종의 물고기들이 살아가고 있다.

자료 출처_부산대학교 담수 생태학 연구실(창녕군 홈페이지)

잉어가 뛰자 쇠물닭새끼가 깜짝 놀라 달아난다_소목   2010 09 15

아름다운 임무

물자라는 부성애로 일찌감치 이름을 알렸다. 암컷이 아닌 수컷이 새끼를 키우기 때문인데 알이 떨어지거나 뒤에서 누가 채 갈까봐 얼마나 애지중지하는지 모른다. 반면 늑대거미는 수컷이 아닌 어미가 며칠간 새끼를 등에 업고 다니며 위험을 차단한다. 모든 생명이 자식을 끔찍하게 사랑하지만 제 몸을 육아방으로 사용하는 물자라 수컷을 보면 무조건적인 사랑을 넘어 어떤 숭고한 의무감 같은 게 느껴진다. 등이 보이지 않을 정도로 빼곡하게 채운 알 하나하나는 정교하게 심어 놓은 보석처럼 빛이 난다. 비록 물자라 수컷은 자식이 자라는 것을 제 눈으로는 볼 수 없을 테지만 무게로 측량할 수 없는 보람을 느끼지 않을까. 그것이라면 거뜬히 감수할 임무이기도 할 것이다.

물자라 수컷
_목포늪
2012 05 13

늑대거미
_우포늪
2010 06 07

고라니는 내 말을 알아들은 것처럼

거기에 고라니가 있을 줄은 몰랐다. 부스럭 거리는 소리가 나서 보았더니 우거진 갈대숲에서 동그마한 엉덩이가 나타났다. 이어 두 개의 반짝이는 까만 눈동자와 마주쳤다. 그 순간 나와 동물 사이에 다정한 교감이 흘렀다는 것은 순진한 착각이고, 고라니는 꽤나 의아한 표정을 지었다. 풀숲에는 고라니가 다져 놓은 제법 널찍하고 편편한 자리가 있었다. 하도 문지르고 자주 이용해서 바닥이 반질반질했다. 아마도 그곳은 고라니가 즐겨 찾는 장소인 듯했다. 그렇다면 내가 고라니의 휴식을 방해한 것일까? 갑자기 고라니 거주지에 허락도 없이 들어선 불청객이 된 느낌이었다. 주변에 까만 고라니 똥도 보였다. 고라니는 귀여운 생김새와는 달리 가래·천식이 있는 노인이 숨을 몰아쉬는 것처럼 탁한 소리를 낸다. 이날의 고라니는 아무 소리도 내지 않고 그저 나를 응시하기만 했다. 나는 고라니가 놀랄까봐 발이 저리는 것도 참고 있었다. 속으로 말했다. '가, 네가 가야 나도 가지!' 그러자 고라니는 내 말을 알아들은 것처럼 천천히 돌아섰다.

고라니는 왜 그토록 빤히 쳐다보았을까? 누군지 궁금했을까? 아니면 말없이 자신을 쳐다보는 사람이 의아했던 것일까? 그때까지도 나는 꼼짝도 하지 않았다. 발이 저리고 종아리가 지끈거렸다. 마침내 고라니는 엉덩이를 번쩍 들고 풀쩍풀쩍 뛰어갔다. 버드나무 아래로, 제방 모퉁이를 돌아서 이따금 걸음을 멈추고 뒤돌아보면서. 잠시 후 고라니는 내 시야에서 완전히 사라졌다.

고라니_쪽지벌　　2012 07 14

늪은 모든 소리를 다 듣고 있다

　　　　　　　춤추는 새들의 뒷면에는 언제나 구름이 자욱하게 일어난다. 새들이 춤을 추는 것 같지만 사실 구름이 더 열정적인 춤에 빠져 있다. 빠른 템포는 구름의 허리를 돌아나가 어느새 새들의 날개에 얹힌다. 구름이 이토록 춤을 좋아하는 줄은 새들도 몰랐을 것이다.

　저녁마다 구름을 읽는 사람은 늪의 동쪽에서부터 몰려오는 붉은 기운을 기대한다. 물은 조금씩 다른 방향으로 색을 흘러가게 하고, 구름은 떨어지는 빛들을 치켜 올리며 거대한 용광로처럼 하늘을 달군다. 늪은 따뜻한 주황색이 된다.

　늪에 헌화하듯이 아래로 쏟아지는 저녁 빛들은 내려가려는 새들을 다시 풍경 안으로 끌어다 놓고는 조용히 지켜본다. 늪은 모든 소리를 다 들었다. 스미어서 같이 가는 발자국 소리, 변하는 색들의 펄럭임을 걷어 내지 않았다. 수백 마리의 새들이 색을 지우고 떠들썩하게 사라진 후에는 부리 끝에서 올라오는 소리만 자욱하게 들린다.

노을
_우포늪
2014 03 05

큰기러기들이
나무 사이로
_사지포
2013 12 19

6

걸어서 1시간
2코스

늪에서 나온 노래는
어떻게 꽃과 새들에게
전해질까

2009 01 25

대대제방

대대제방

후투티_토평천

큰고니 날다_사지포

웃기는 광대싸리

　　　　　　　　　광대싸리는 우포늪 가는 길 왼편 마늘밭 아래 몇 그루 있다. 잔가지가 많고 생김새가 어수선하여 눈에 쏙 들어오는 매력은 없지만 봄에는 노랗고 작은 꽃들이 다닥다닥 뭉쳐서 피어나 눈길을 붙든다. 열매는 메주콩 같이 달리고 까만 점이 박혀 있어 매우 익살스럽다. 볼이 부은 못난이인형 같기도 하고 얼핏 우스꽝스러운 광대 얼굴 같기도 하다. 그래서 광대싸리인가, 생각했지만 광대와는 별 상관이 없다고 한다. 싸리 때문에 콩과 식물로 알기 쉽지만 대극과에 속하는 낙엽관목이다. 나무 성질이 단단하지 않아 목재로도 환영받지 못하고 관상용으로 키울 만한 재목도 못된다.

　반면 길 건너 자귀나무는 봄마다 화려한 꽃을 피워서 지나가는 이들의 마음을 붙든다. 자귀나무는 별명이 많은데 밤에는 잎을 오므리고 자는 것 같다고 하여 '잠자는 나무', 남부지방에서는 소가 잘 먹는다고 하여 '소쌀나무', 부부 금슬을 좋게 하는 나무라고 해서 '금혼나무'라고도 부른다. 예전에는 신혼부부의 집 안에 일부러 이 나무를 심었다고 한다. 자귀나무는 또 '여설목女舌木'이라고도 하는데 꼬투리 안에서 익은 열매가 따닥따닥 소리가 나고 여린 혀를 닮아서다. 꼬투리를 흔들어 보면 정말 씨앗들이 어디론가 데려가 달라고 말하듯 따닥따닥 소리가 난다.

　길 하나를 사이에 두고 광대싸리와 자귀나무가 너무도 대조적인 삶을 살기 때문에 나는 늘 이쪽저쪽을 눈여겨본다. 광대나물

우포늪 입구 표지석

광대싸리 꽃
_우포늪

2010 07 12

과 광대수염은 이름에 걸맞게 오뚝하고 재미나게 생겼는데 왜 광대싸리는 광대의 특징이 없을까? 그러나 나는 누가 보건 말건 변함없이 그 자리에 서 있는 광대싸리가 좋다. 앙증맞은 꽃과 열매의 기발한 표정을 나만이 알고 있는 것 같아서 볼 때마다 크게 웃는다. 광대싸리의 특별한 안목이라면 오직 자신을 알아보는 사람에게만 웃음을 준다는 것이다.

자귀나무
_우포늪
2009 06 23

광대싸리 열매
_우포늪
2012 07 23

늪과 제방과 들판

유어면 대대마을과 대대들을 지나 늪으로 갈 때는 언제나 제방을, 왼쪽에서 오른쪽으로 길게 뻗어간 기역자 형태의 뚜렷한 선을 바라보게 된다. 봄에는 녹색의 선명한 띠가 들판을 가로지르고 여름에는 벼가 출렁이며 들판의 선을 확장한다.

대대제방은 일제강점기인 1930~1940년 사이에 쌀을 생산하기 위해 195제곱킬로미터에 달하는 벌을벌은 내륙의 늪이나 물이 많은 땅을 의미한다 매립한 후에 생겼다. 당시에는 지금처럼 높지 않았고 2003년 태풍 '매미'가 왔을 때 제방이 무너진 후 보강공사를 하면서 높아졌다. 제방에 울타리가 생긴 것은 2009년이었다. 울타리가 생기자 늪과 제방은 서로 다른 반대편의 선을 하나씩 가지게 되었다. 제방을 기준으로 한쪽은 늪이, 다른 한쪽은 들판이 있어 서로 경주하듯이 색을 바꿔 끼운다.

봄

한겨울 들판은 양파와 마늘이 자라고 있어 초록색과 녹색을 띤다. 움트고 뻗고 활기차게 선과 선을 넓히는 때다. 양파 수확을 할 때면 들판은 붉게 물든다. 양파를 캐내고 나면 이내 논에 물을 대고 논갈이를 한다. 황로는 이때를 잘 알아서 이앙기 뒤를 졸졸 따라다니거나 논두렁에 줄지어 서서 먹잇감을 찾는다. 한바탕 뒤

봄의 선명한 색띠_대대들   2009 05 18

집어 놓은 논에는 곤충과 미꾸라지, 논우렁이 등 다양한 생물이 올라오는데 얕은 물 위를 걸어 다니며 먹이를 찾는 백로와 왜가리 같은 새들에게는 잘 차려진 밥상과도 같다.

여름

모심기가 끝난 논바닥에 뿌연 흙탕물을 일으키며 뻐끔뻐끔 구멍을 내는 녀석은 긴꼬리투구새우다. 긴꼬리투구새우는 살아 있는 화석생물로 알려져 있으며 미국에서는 올챙이와 비슷하게 생겼다고 해서 '올챙이새우 Tadpole Shrimps'라고 부르기도 한다.

긴꼬리투구새우는 두 개의 긴 꼬리가 딱딱한 몸 끝에서 갈라져 나왔고 배면에는 갑각투구이 있으며 꼬리를 흔들며 논바닥을 헤집는 특성이 있다. 물벼룩, 실지렁이, 장구벌레 등을 잡아먹고 개구리밥 같은 식물을 먹기도 한다. 비슷한 시기에 나타나는 풍년새우는 등을 아래쪽으로 하고 다리를 움직여서 천천히 헤엄치는데 긴꼬리투구새우의 중요한 먹이가 된다. 긴꼬리투구새우의 천적으로는 물방개, 개구리, 물고기, 조류 등이 있고 개구리가 많이 사는 논에서는 긴꼬리투구새우를 발견하기 어렵다고 한다. 그 이유는 긴꼬리투구새우가 올챙이의 먹이가 되기 때문이다.

초여름 대대들 논두렁을 걸어갈 때에는 논바닥을 유심히 보게 된다. 꼬물거리며 벼 포기 사이를 헤집는 긴꼬리투구새우를 보기

양파 수확
_대대들
2010 06 15

긴꼬리투구새우
_대대들
2009 06 11

우포늪, 걸어서

위해서다. 아무리 보아도 희한하게 생겼다. 가까이 붙어 있어 다소 희극적으로 보이는 두 개의 눈도, 갑옷 같은 등딱지도 재미있게 생겼다.

긴꼬리투구새우와 풍년새우가 나타나는 논은 유기물이 풍부하고 먹이가 많아서 농사가 잘 된다고 알려져 있다. 그래서 이름도 풍년새우일까? 하지만 논갈이를 하는 시기부터 모심기 후 물이 많은 논에서 발생하고 8월에 접어들면 산란을 마치고 사라지기 때문에 더 이상 논에서는 볼 수가 없다. 긴꼬리투구새우는 현재 멸종위기야생동물2급 보호종이다.

가을

가을은 들판의 황금색을 거두어들이고 새로운 색을 준비하는 계절이다. 가을걷이가 끝난 논에는 이때쯤 지나가는 나그네새들이 영양 보충을 하려고 잠시 내려앉는다. 주로 도요새나 댕기물떼새다. 댕기물떼새는 검은색의 긴 머리 깃도 멋스럽지만 광택이 나는 녹색의 날개깃이 청동 갑옷처럼 번쩍인다. 이 새는 늦가의 물이 얕은 곳, 땅이 드러나는 논 같은 곳에서 먹이를 찾고 인기척이 나면 재빨리 '삐우' 소리를 내며 날아가 버린다.

풍년새우
_대대들
2009 07 08

댕기물떼새
_토평천
2014 01 01

겨울

씨앗을 맺은 식물은 떨어지거나 삭아서 물에 가라앉는다. 휑하게 물만 남은 듯한 늪 위로 겨울철새들이 하나둘 날아온다. 큰기러기는 제방 아래 물이 드러난 곳으로 몰린다. 좋아하는 뿌리식물들이 늪 가장자리 진흙 속에 묻혀 있기 때문이다. 배에 무늬가 있으며 부리에 흰 가락지 같은 띠가 있는 쇠기러기들은 우포늪 주변의 대대들과 세진들에 내려앉아 떨어진 낙곡을 주워 먹는다. 그러다가 인기척이 느껴지면 일제히 날아오른다. 우포늪과 대대들 사이에 선 대대제방은 마치 금지와 허용의 분계선처럼 보인다. 언제가 될지는 알 수 없지만 만약 대대들이 늪으로 복원된다면 제방도 사라지고 새들도 안심하고 날아올 것이다. 사람의 삶도 좋아지고 새도 안전해지는 그런 날이 과연 올까?

쇠기러기들
_대대들
2014 03 03

눈 쌓인 겨울
_대대들
2010 03 10

우포늪, 걸어서　*167*

늦반딧불이는 어둠 속의 초록별

──────────── 별들이 덤불 속에 총총히 박히는 저녁에는
누구라도 가슴이 저릿해지지
지금은 버드나무가 기울어지며 바람을 끌어오는 때
삼거리 묵밭에는 뱁새귀리와 메꽃들이 하얗게 물결친다
그윽한 밤의 침대는 별들이 책상다리를 하고 꽃을 태우고 가는가
아니라면 꽃의 뒷면에다 별자리를 새겨 놓은 것인가
저 치명적이도록 아름다운 구조는 별들이 아낌없이 좋아한 흔적
뒤집어 보아야만 그 기쁨을 볼 수 있도록
꽃들의 혀끝에 네발나비들이 앉아서 내통하고
밀잠자리들은 낮게 내려앉아 수면에 보풀을 일으킨다
늦반딧불이 애벌레는 꽁무니 들어 올릴 준비를 하지
여름의 전략은 버젓이 보이는 곳에서

늦여름 저녁 우포늪 하늘에는 초록색 불빛들이 은근하게 켜진다. 늦반딧불이는 애벌레와 어른벌레 모두 빛을 내며 다른 반딧불이처럼 깜박거리지 않고 오래 불빛을 유지한다. 그러나 덤불 속의 애벌레는 이상한 기척을 느끼면 오므라들듯이 자신의 불빛을 꺼 버린다. 우포늪에서는 삼거리 근처 물이 흐르는 수로 주변이나 제방 아래에서 많이 관찰되는데 습하고 축축한 곳에 달팽이 같은 먹이가 많기 때문이다.

늦반딧불이가 날아다니는 밤하늘을 보면 그 누구라도 황홀한

불빛에 환호하는데, 이것은 늦반딧불이 수컷이 암컷에게 보내는 구애의 신호다. 반짝이는 밤하늘이 늦반딧불이들에게는 일종의 결혼시장인 셈이다. 이때 암컷은 수컷의 눈에 잘 뜨이게끔 배를 약간 비틀어 위를 향하게 하여 빛을 낸다. 암컷은 날개가 퇴화하여 날 수가 없고, 날개가 검은 수컷과 다르게 몸빛이 옅은 살구색이다. 아름다운 늦반딧불이 춤은 8월 말부터 9월 중순까지 해가 진 후 약 1시간 동안 볼 수 있다.

늦반딧불이 짝짓기
_우포늪

7

걸어서 2시간
3코스

아름다운 왕버들이 ___ 늪을 에워싸고

왕버들 군락은 거대한 한 그루

왕버들은 공기를 품은 나무다. 다른 나무들보다 공기와 더 친하다. 풍성한 가지 안에서 늘 부드럽고 싱그러운 공기가 만들어진다. 왕버들은 잘 쓰다듬은 공기를 맨 먼저 둥지를 가진 새들에게 나누어 준다. '아, 맛있다' 그러고 가면 다시 찾아올 줄 알기에 그렇게 한다. 왕버들은 또 나뭇가지를 벌려서 높이 뜬 구름과 햇빛을 이른 봄부터 몽실몽실 걸어 둔다. 지나가던 사람들이 '참 좋다' 그러고 가면 나무는 한 입 가득 물감을 머금고 있다가 어제와 다른 색깔을 내놓는다. 사람들은 날아갈 듯이 밝고 환한 빛을 따라 가만가만히 버들 밑을 찾는다.

왕버들은 선버들이나 포플러와 달리 밑동이 딱 벌어지게 가지를 뻗어 나간다. 그래서 왕버들이 군락을 이룬 곳은 어둡고 습하며 기이한 느낌을 자아낸다. 물과 가까운 가지들이 반영反映하면서 제 몸을 다시 한 번 비춰 내기 때문이다. 검은 일렁임은 묘하게 두려움을 일으키고 음산한 녹색을 띤다. 그러나 햇빛이 번득이는 여름이면 이 왕버들은 거대한 왕관을 쓴 것 마냥 화려한 변신을 한다. 반짝거림이 하루 종일 물빛과 나무 사이에 떠 있다. 수면에 닿을 듯 스칠 듯이 휘어진 나뭇가지와 날쌔게 날아가는 물총새, 뒤덮은 갈대와 물억새, 사초들이 모두 경배하듯이 그 은근한 초록의 위엄을 에워싼다.

왕버들은 물이 얕아질 때 가지를 한껏 휘어지게 꺾는다. 물에서 멀어질수록 나무의 삶도 푸석해진다는 것을 알고 있어서 그렇다.

왕버들 군락_목포늪   2014 04 14

굽이치는 왕버들 가지_목포늪   2016 07 06

왕버들_쪽지벌   2016 04 28

울울한 가지 안에는 마치 한 나무에서 나온 것 같은 다른 나무의 가지들이 엉켜 있다. 이웃의 거리가 좁아졌고, 이웃에서 내미는 초록이 내 것과 같은 잎이어서 더 이상 나눌 것도 가로챌 것도 없다. 그렇게 군락이 된다. 왕버들 수십 그루가 한 장소에서 어우러지면 거대한 한 몸인 것처럼 한 그루가 된다.

겨울 왕버들 군락
_목포늪

2011 12 13

왜가리가 사는 법

　　　　　　　　봄에는 왜가리들이 살림을 차리러 산으로 간다. 목포늪이 내려다보이는 소목의 산이 왜가리들의 집단번식지다. 왜가리들은 나뭇가지와 지푸라기, 환삼덩굴 따위의 식물줄기를 물어다 둥지를 짓는다. 온 산에 왜가리 둥지가 있어 왝왝대는 소리 끊이지 않는다. 유월이 되면 어린 왜가리들이 왜가리산에서 퍼덕퍼덕 날갯짓을 한다. 날아오르기 위해 발을 들었다 놓았다, 목을 쭉 빼고 늪을 내려다본다.

　늪에 나온 어린 왜가리는 괜한 까탈을 부린다. 자신과 비슷한 체급이라고 생각해서인지 이웃의 새를 째려보다가 발길질을 하거나 다짜고짜 달려들기도 한다. '가! 여긴 내 구역이란 말이야!'

　왜가리는 곁에 누가 오는 것을 싫어한다. 한여름 더위는 새들도 참을 수 없게 만든다. 그러나 왜가리에게는 특별한 피서법이 있다. 높은 나뭇가지에 올라가 다리와 날개를 쫙 벌리는 것이다. 왜가리야 물론 시원할 테지만 그걸 밑에서 바라보는 나는 참 해괴하고 우습고 민망하다. 왜가리는 사람 따위에는 관심이 없고 그저 날개를 펄럭펄럭 부채삼아 흔들면서 물풀로 빽빽해진 늪을 내려다본다. 새 팔자 상팔자다.

　왜가리는 참 잘 먹고 잘 사는 새들 중 첫손에 꼽을 만하다. 불편하게 지내는 이웃도 없고, 무서워할 천적도 없고 먹이 걱정도 없다. 천적과 애 터지게 싸우지 않아서 번식에 어려움이 없고, 비슷한 덩치를 자랑하는 백로들과도 잘 어울리며, 물이 있는 곳에

왜가리의 휴식_목포늪   2010 06 14

늘 먹이가 있으니 대체로 사는 것도 만족스러울 것이다. 왜가리는 '왝, 왝' 소리를 지르면서 이렇게 뻐기는 듯하다. '넘치는 먹이와 착한 이웃들, 뭐가 더 필요하겠어요?'

사냥하는 왜가리
_목포늪
2013 05 01

오디와 딸기의 셈법

목포늪가를 하얗게 칠하던 찔레꽃이 지고 나면 나무 열매들이 색을 받는다. 뽕나무 열매는 통통하고 과즙이 많아서 새도 좋아하고 사람도 좋아한다. 뽕나무 열매를 오디라고 하는데 왜 오디일까? 오월의 열매여서 오디일까, 새까만 열매가 오지게 달려서 오디일까? 이름이야 어찌되었든 뽕나무이만큼 오디를 좋아하지는 못할 것이다. 뽕나무이는 숫제 가느다란 실 같은 것으로 오디를 허옇게 덮어 버린다. 그래도 뽕나무는 끄떡없다. 오디를 먹은 새들이 여기 저기 돌아다니며 보라색 똥을 누고 그 자리에서 새로운 뽕나무 가족이 생길 것을 알기 때문이다.

오디가 끝물일 무렵에는 늪에 새로운 열매가 등장한다. 잎사귀 사이사이에 빨간 열매를 뽐내는 멍석딸기다. 멍석딸기는 빨간 열매가 탐스럽고 예쁘지만 쉽게 따먹지는 못한다. 심지어 잎마저도 거칠거칠하여 딸기를 따려는 순간 손등을 쓰라리게 한다. 열매 알갱이에는 꺼슬꺼슬한 털까지 붙여 놓았다.

멍석딸기는 왜 입안에 침이 잔뜩 고이도록 유혹해 놓고 가시와 털로 제 몸을 둘러싼 것일까? 어쩌면 약간 시큼털털한 맛은 멍석딸기의 꾀부림인지도 모른다. 달콤한 맛만 있으면 그냥 삼키고 말지만 털이 있으면 꿀꺽 삼킬 수가 없다. 새들이 열매를 옮기듯이 사람도 입안에 넣고 우물우물하다가 씨를 뱉어 내니 멍석딸기의 셈법은 아주 잘 먹힌다고 봐야 한다. 덕분에 늪가에는 매년 뽕나무와 딸기넝쿨이 늘어난다.

뽕나무
_목포늪
2010 06 08

멍석딸기
_목포늪
2016 06 23

우포늪, 걸어서

흰뺨검둥오리 새끼들은 졸졸졸

무성한 수초 사이를 바지런히 돌아다니는 새는 흰뺨검둥오리들이다. 새끼들이 정신없이 먹이를 찾고 있을 때 어미는 그 옆에서 가만히 지켜본다. 뿌듯한 표정. '나만큼 잘 키운 어미가 있으면 나와 보라 그래!'

새끼들은 어미의 신호가 떨어지기를 기다린다. 어미가 "자, 출발하자!" 말이 떨어지기 무섭게 '싸싸삭' 어미 뒤를 따른다. 열 마리의 새가 꼬물꼬물 열 개의 길을 만든다. 어미는 뒤따라가며 방향을 말해 준다.

"오른쪽으로!"

"왼쪽으로!"

엉뚱한 곳으로 빠지는 새끼에게는 따끔하게 한마디 한다.

"내가 그랬지? 혼자 돌아다니면 위험하다고. 모여 다녀야 큰 새와 사나운 뱀에게 잡혀가지 않는단 말이야."

"엄마, 알았어요. 그만 야단치세요. 나도 지금 헤엄치는 것이 너무 신기하고 기뻐서 그래요."

흰뺨검둥오리 어미는 새끼의 말에 웃음을 터뜨린다.

"헤엄치는 것보다 더 신나고 재미있는 일이 기다리고 있단다. 너에겐 날개가 있잖니."

"엄마, 어서어서 날개가 자라서 하늘을 날고 싶어요. 우포늪에서 가장 넓은 늪과 가장 작은 늪도 보고 싶어요. 다른 친구들도 만나고 싶어요."

"곧 그렇게 되고말고. 넌 하늘을 훨훨 날게 될 거야. 이 길을 잘 기억해 두렴."

"알았어요, 엄마."

흰뺨검둥오리 새끼들
_목포늪

어부의 시간

우포늪이 보전지역이 되면서 늪가 사람들의 삶은 두 종류로 나뉘어졌다. 어업권을 포기하고 농부의 삶을 사는 것과 어업권을 소유하고 계속 물고기를 잡는 것. 내수면어업법에 따라 어업허가권을 가진 사람은 13명이었으나 지금은 수가 줄어 열 명이 채 되지 않는다.

우포늪은 한겨울 빼고는 수초가 무성하여 대나무로 만든 장대를 이용하여 배를 움직인다. 장대로 저어 간다고 해서 장대거룻배라고도 하지만 거룻배, 거루, 나무배라고도 한다.

이른 아침 소목나루에 가면 축축하게 젖은 배와 어부들이 잡아올린 퍼덩퍼덩한 붕어와 잉어를 볼 수 있다. 우포늪에서 쓰이는 그물은 삼각망과 자망걸그물이며 주로 잡히는 물고기는 붕어, 잉어, 가물치, 메기 등이다. 이런 그물을 쓰기 전에는 대나무로 만든 가래를 사용했다. 가래는 위와 아래가 트인 고깔 형태로 낮은 수위에 드러난 뻘을 파고들거나 숨는 붕어 위에 덮어씌워서 손으로 잡는다.

고기잡이를 하고 돌아오는 어부_소목　　2009 03 09

장대배와 가래
_사지포
2009 04 05

붕어
_소목
2009 12 12

잉어
_소목
2009 04 05

그물이 있는 풍경_목포늪   2012 03 21

목포늪(나무개벌)

목포늪은 장재마을, 소목마을, 노동마을, 토평마을 등이 둘러싸고 있으며 예전에 홍수가 나면 나막신이나 땔감나무들이 많이 떠내려왔다고 해서 나무개벌로 불렸다고 한다. 네 개의 늪 중에서 두 번째로 크고 다른 늪보다 물이 깊어 잠수성 오리가 많고 아름다운 왕버들 군락은 물론 고기잡이하는 어부를 볼 수 있다.

목포제방과 목포제

목포제방 옆의 토평土坪마을은 지역 말로 '톳팽이'라고도 부른다. 토평천이라는 이름이 바로 이곳 지명에서 나왔다. 예전에는 주막이 있어 지나가는 사람들이 쉬었다 가는 장소였으나 지금은 대부분 이주하고 몇 가구 남지 않았다. 청주 석씨들의 제각과 조선 태종의 친필이 보관되어 있는 어필각이 있으며 목포제 오르는 계단 옆에는 아름다운 은행나무 두 그루가 서 있다. 가을이면 이 멋들어진 나무와 목포늪 물색이 어우러져 지나는 걸음을 붙든다.

연둣빛으로 물들다_목포늪   2013 04 18

8

걸어서 3시간

4코스

길이 길을 물고 끝없이 이어지는 무늬는
_____ 누가 만들었을까

시를 읽는 팽나무

사지포제방 끝머리에서 산으로 올라가면 잘 생긴 팽나무 한 그루가 서 있다. 오랜 시간 햇빛과 바람에 단련되어 그윽하게 아름다운 나무가 되었다. 옛날에 팽나무 열매를 작은 대나무 대롱에 넣은 다음 대나무 꼬챙이로 탁 쳐서 열매를 날려 보냈더니 '팽' 하고 날아가서 이것을 '팽총'이라 불렀다 한다. 팽총의 총알인 '팽'이 열리는 나무라고 해서 붙여진 이름이 바로 팽나무다.

팽나무는 늪의 무대를 가장 높은 곳에서 내려다본다. 여름에는 후텁지근한 열기를 맡고 겨울에는 시끌시끌한 새 소리를 배경 음악으로 듣는다. 가을에는 물안개 굽이치는 것을 한 편의 시처럼 감상하고 봄에는 가만히 있어도 달떠오는 기운을 초록으로 휘감는다.

봄에는 누구라도 시를 쓴다. 시키지 않아도 줄줄 써내려 간다. 이른 봄 언덕에는 길쭉길쭉한 흰 꽃들이 멋스러운 붓글씨처럼 피어난다. 이름이 산자고인데 우윳빛처럼 밝고 갸름한 꽃잎이 수형이 탄탄한 팽나무와 제법 잘 어울린다. 줄장지뱀은 날쌔게 수풀 속으로 사라지고 할미꽃이 고개를 들면 언덕바지 아래로 연푸른 늪이 가득 밀려온다. 팽나무는 매일 늪에서 올라오는 시를 가장 먼저 열어 본다.

팽나무_사지포   2011 02 14

산자고
_사지포
2009 03 25

할미꽃
_사지포
2012 04 12

줄장지뱀
_사지포
2008 10 06

팽나무_사지포   2010 11 08

똥을 주고받는 사이

똥은 정말 대단하다. 너구리가 사지포제방에 누고 간 똥에는 예쁜 큰오색나비와 멧노랑나비, 네발나비가 앉는다. 서로 좋은 자리에 앉으려고 다투기까지 한다. 똥의 맛이 그렇게나 좋은지 사람 소리가 나도 꿈쩍도 하지 않는다. 잡식성인 너구리는 식물의 씨앗, 나무 열매는 물론이고 곤충, 물고기, 작은 포유류까지 먹는데 그것들이 죄다 똥에 섞여 나온다. 어느 해에는 대대제방에서 노랗게 잘 익은 개똥참외를 보았는데 그건 말할 것도 없이 너구리 똥이 만든 작품이었다.

고라니 똥은 까맣고 작고 동글동글하다. 꼭 기름칠한 것처럼 반질반질 윤이 난다. 삵의 똥은 길쭉하고, 멧돼지의 것은 덩치만큼이나 푸짐하다. 같은 자리에서 계속 똥을 누기 때문에 나중에는 아주 많은 양이 쌓인다. 새들은 물찌똥을 싼다. 오줌과 똥을 누는 기관이 따로 되어 있지 않아서 두 가지를 한 번에 배설하는데 가끔 허공에서 주르륵 떨어지는 새똥을 보기도 한다. 그러고 보면 새도 날고 새똥도 하늘을 날아다닌다.

한겨울에 늪이 얼면 똥도 얼어붙는다. 큰기러기 똥은 마치 검은 석탄처럼 빙판에 박혀 있다. 얼음이 녹으면 새똥도 녹아서 늪에 들어가고 그 똥은 또 다른 식물의 양분이 될 것이다. 그러니까 동물의 똥이 식물의 똥으로 전달되고, 식물은 흙을 움직이고 새는 하늘을 움직인다. 동식물이 서로 똥을 주고받는 사이, 똥에서 꽃이 피고 밥이 만들어진다.

홍점알락나비,
네발나비
_사지포제방

2012 08 25

섬서구메뚜기
_사지포

2013 08 20

고라니똥
_사지포

2012 11 28

둔터 가는 길

둔터 가는 길은 산 아래 그늘진 곳으로 휘어져 있어 늘 조금은 어둡고 서늘하다. 모퉁이를 돌아갈 때마다 골짜기에서 불어오는 바람소리가 늪에 가기도 전에 버드나무 높은 가지에 걸린다. '후아아아' 쏟아지는 바람을 늪은 그대로 받아서 물속에 저장한다.

둔터는 우포의 남쪽 편에 있는 10여 호 되는 작은 마을로, 기록에 의하면 임진왜란 때 곽망우당 휘하의 의병군이 둔屯쳤던 곳이다. 마을이 있는지 없는지 모를 정도로 조용해서 병사들이 숨기에 좋았고, 6.25동란 때에도 큰 피해를 입지 않을 정도로 외진 곳이었다. 그러나 2007년 따오기복원사업이 시작되자 마을은 철거되었고 그 자리에 따오기복원센터가 들어섰다. 해마다 여름이면 물난리 걱정을 하고 겨울에는 밤새 곽곽대는 새 소리에 잠을 이루지 못하던 사람들은 늪 밖으로 나왔다.

지금은 갈 수 없지만 다부터에서 둔터로 넘어가는 산길은 고즈넉해서 걷기에 좋았다. 물봉선꽃과 이질풀도 거기서 보았다. 산비탈엔 소담하면서도 밝은 색채의 꽃들이 조금 곁들이듯이 내리는 햇빛을 받으려고 무리를 지어 있었다. 그래서 둔터를 생각하면 언제나 봉긋한 물봉선꽃과 서늘하게 우거진 나무들이 떠오른다.

2007년 여름이었다. 비가 많이 왔고 낙동강에서 역류한 물이 계속 늪으로 밀고 들어왔다. 늪으로 가는 길은 차단되었다. 나는

둔터마을에서 내려다본 우포늪 범람_우포늪   2007 09 03

궁금해서 견딜 수가 없었다. 토평천 물과 강물이 만나 어떤 광경을 만들어 내는지 보고 싶었다. 그래서 생각한 것이 둔터 산길을 넘어 늪으로 가는 것이었다. 얼마나 마음이 들떠서 두근거렸는지 모른다. 산모퉁이를 돌아서자마자 한눈에 보기에도 어제와 다른, 불룩하게 물이 차오른 늪이 보였다. 마름과 자라풀로 빽빽하던 늪은 온통 물로 뒤덮이고 색은 사라지고 없었다. 마치 거대한 손이 늪의 밑바닥을 휘젓고 있는 것 같았다. 비릿한 물비린내가 풍기고 길바닥에는 늪에서 밀려나온 물풀들이 물컹하게 밟혔다. 그런데 이상하게 달뜬 기운이 넘쳤다. 사라지는 끝과 시작하는 처음이 서로 이어지고 맞물린 것 같았다. 범람은 쓸리고 넘치고 사라지는 것이 아니라 새로운 기회와 질서를 재편하는 장대한 서사시였다. 나는 그때까지는 생각해 본 적이 없었다. 늪이 완전히 새로운 판을 짜게 되리라는 것을.

 늪은 물에 휩쓸리며 거대한 한 덩어리가 되었다가 다시 덩어리를 이루고 있는 것들을 세부적인 각각의 삶으로 데려다 놓았다. 아, 이것이야말로 자연이 만들어 내는 멋진 변화라는 생각이 들자 짜릿한 전율마저 일었다. 그 모든 것을 풀었다 쥐었다 하는 것은 물이었다. 나는 그 무시무시한 물구덩이에서 되살아나는 생명의 탄생을 보았고 감탄했다. 그리고 완전히 달라진 풍경에 압도되었다. 그리하여 범람은 사람에게는 자연재해지만 동식물에게는 삶을 반전시키는 대담한 사건이라는 것을 알았다. 며칠 후

우포늪의 안개_둔터   2009 10 17

풀풀들은 새로 자리를 잡기 시작했다. 잠자리는 낮게 날아다니고 구름은 높이 떠올랐다. 강을 거슬러 올라온 이야기가 새로 시작될 참이었다. 나는 물이 만들어 내는 늪의 변화를 조금은 특별하게 기억하게 되었다. 그 첫 마음이 시작된 곳이 둔터다.

따오기

따오기는 황새목 따오기과에 속하는 새로, 길고 아래로 굽어진 부리와 등쪽에 독특한 연홍색을 띠는 것이 특징이다. 논이나 갯가에서 미꾸라지, 작은 물고기, 개구리, 올챙이 등을 잡아먹고 살았으나 1979년 비무장지대에서 마지막으로 관찰되었고 이후 멸종된 것으로 보고되었다. 멸종된 이유는 무분별한 포획과 농약 살포 때문에 새의 먹이가 줄어들었기 때문이다. 예전에는 논 주변에 둠벙웅덩이 같은 수리시설이 있어 다양한 생물들이 살았고 이를 먹이로 삼는 따오기와 뜸부기도 흔히 볼 수 있었지만 댐과 저수지가 생기고 화학농법이 성행하면서 먹이사슬이 붕괴되었다. 현재 창녕군에서 복원하고 있는 따오기는 2008년 중국에서 들여온 한 쌍이 계속 번식한 것으로 2016년 현재 22쌍 94마리에 이른다.

자료 출처_창녕군 홈페이지

따오기
사진제공_창녕군

우포늪 안쪽에는 '비밀의 숲'이라 불리는 곳이 있다. 원래는 길이 없었으나 사람들이 자주 발걸음을 하여 조그만 길이 났는데 나무들은 둥글게 어우러져 늪 쪽으로 기울었고 그 아래에는 자운영 꽃들이 옹송그리며 자리를 잡았다. 이 서늘하면서도 고즈넉한 공간은 밝은 바깥쪽 풍경이 나무들을 한곳으로 모아서 늪으로 끌어가는 것처럼 보인다. 그래서 더욱 비밀스러운 분위기를 띠는 것인지도 모른다.

십여 년 전 이 일대는 아름다운 자운영 군락이 자리한 곳으로 알려져 있었다. 습지보호구역으로 지정되기 전에는 마늘과 양파를 심던 밭이기도 했다. 지금은 사초과식물이 많아 사초 군락을 이루고 있다.

자운영 꽃은 늘 낮은 자세로 무리지어 있다. 꽃이나 작은 새들이 모여 있으면 약자의 단결력 같은 게 느껴져서 사뭇 애틋하다. 자운영이 사초나 억센 갈대와 물억새에게 밀려난 것도 힘이 약해서일지도 모른다. 그렇게 생각해서인지 봄날에 왕버들 아래나 주매잠수교 부근에 드문드문한 자운영 꽃을 보면 왠지 저 아래 쪽 지벌에서부터 밀려온 그때의 자운영이 아닐까 생각하게 된다.

자운영 꽃_목포늪   2012 04 28

사초 군락_우포늪　　2010 10 28

사초 군락_우포늪   2013 05 18

흰눈썹황금새는 조용히 견디네

　　　　　　　　　　따오기복원센터가 있는 둔터마을 앞에는 커다란 왕버들이 서 있다. 왕버들 뿌리는 마치 지도를 그리듯이 땅바닥 위를 들춰내며 펼쳐져 있고 밑동에서부터 위로 올라가는 줄기는 굵게 꺾어지며 휘늘어져서 조금은 신산한 풍경을 자아낸다.

　어느 해 봄날, 동행과 같이 그 왕버들 아래에 서 있었다. 새소리 때문이었다. 흰눈썹황금새 수컷 한 마리가 기우듬한 왕버들 가지에 와 앉았다. 망원렌즈가 아니어도 충분히 카메라에 담을 수 있는 거리였다. 날아갈까 봐 서둘러 찍은 손이 미안해질 정도로 흰눈썹황금새는 가만히 있었다.

　'어머, 너 사람을 피하지도 않고 놀라지도 않는구나!' 이렇게 말해도 흰눈썹황금새는 가만히 있었다. 날아가지 않고 가만히 있는 새가 의아하여 또 한참을 보았다. 흰눈썹황금새는 해마다 사진가들에게 괴롭힘을 당하는 새다. 새소리도 아름답지만 깃털이 아름다운 새이기 때문이다. 사진가들은 튼튼한 삼각대를 둥지 앞에 설치하고는 하루 종일 새 사진만 찍는다. 어미가 새끼의 부리에 먹이를 넣어 주는 것, 암컷과 수컷이 같이 있는 장면을 찍기 위해 새벽부터 늦은 저녁까지 진을 친다. 가장 나쁜 것은 원하는 사진을 찍기 위해 둥지 앞의 나뭇가지를 잘라 버리는 것이다. 자신만 특별한 것을 얻으려는 이기적인 마음이 생태를 파괴한다. 새에게는 사람이 늘 골칫거리다. 그러니 내가 본 흰눈썹황금새도 사실은 속으로 무척 겁을 내면서 나를 견디는 중이었다. 사람에게 무엇 때문에 새의 용감함을 보여 주겠는가. 새에게는 견디는 것이 사랑의 첫 번째 마음일 것이다. 둥지에서 알을 품고 있는 암컷, 아니면 새끼들이 놀라지 않게 흰눈썹황금새 수컷은 의연하게 제 자리를 지킨 것이다.

흰눈썹황금새
우포늪
2013 05 08

수리부엉이가 사는 부엉덤

　　　　　　　　　맵찬 바람이 살을 찌르는 한겨울 아침에 수리부엉이를 보려고 몇 번이나 부엉덤에 갔었다. '덤'은 이곳 말로 산山을 말하고 수리부엉이가 둥지를 튼다고 하여 이름이 '부엉덤'이다. 수리부엉이는 큰 덩치, 커다란 눈, 큰 귀를 가진 올빼미과 조류로 눈과 귀가 발달하여 소리 없이 먹잇감을 낚아채는 것으로도 유명하다. 어둠을 이용하여 사냥하기 때문에 밤의 제왕이라고도 부른다.

　　수리부엉이는 벼랑에 앉아서 꼼짝도 하지 않았다. 새의 침묵에서 왠지 모를 위엄이 느껴졌다. '부엉 부엉새가 우는 밤, 부엉 춥다고서 우는데, 우리들은 할머니 곁에, 모두 옹기종기 앉아서 옛날이야기를 듣지요.' 어릴 때 자주 불렀던 이 노래에는 부엉이가 추워서 운다고 했지만 귓가에 털이 수북하게 난 수리부엉이는 하나도 추워 보이지 않았다. 오히려 부엉이가 내는 '부우', '부후' 하는 소리에 겁먹을 들쥐의 모습이 떠올랐다. 사냥할 때의 수리부엉이는 소리조차 없으니 들쥐는 무서울 새도 없을 것이다. 하지만 밑에서 올려다보는 나는 이런 생각밖에 들지 않았다. 저렇게 좁은 바위틈에 앉아 있다가 혹시 발을 잘못 놀려 돌들이 굴러 떨어지지는 않을까, 어떻게 저 자리에 오래 전부터 있어 왔던 것처럼 미동도 없이 앉아 있을까? 연신 감탄하며 그 큰 새를 올려다보았다. 아주 멋진 새였다.

수리부엉이
_우포늪

2009 01 28

길이 길을 물고 끝없이 이어지는

─────── 생이가래의 노란 빛은 팽팽하게 늪의 끝을 잡고 있다. 늪에는 오직 생이가래뿐이다. 생이가래는 햇빛에 따라 노랗게도 되고 연두색이 되기도 하며 제 몸의 가락을 자유자재로 타고 논다. 생이가래가 저토록 자유롭게 늪을 차지하고 앉은 것은 비가 내렸고 물이 불었기 때문이다. 생이가래는 포자 번식을 하며 가을에는 줄기 사이에 작은 포자주머니를 매단다. 이 포자주머니가 터지면 늪 가장자리에 갈색의 포자들이 쌓이고 그때쯤 겨울철새들이 날아온다. 생이가래 포자는 쇠오리가 가장 좋아한다.

쇠오리는 우포늪에 오는 겨울철새 중 가장 작은 새다. 작고 뾰족한 부리를 내밀고 꼬물꼬물 늪을 헤집고 다니는데, 그 때문에 생이가래 포자로 덮인 겨울 늪은 꼬불꼬불 산길과 구불구불 능선이 겹치는 지도를 읽는 것처럼 재미있어진다. 쇠오리가 지나간 길은 마치 요령부득의 기호인 것도 같고 이해하기 힘든 그림처럼도 보이지만 사실은 쇠오리가 치열하게 먹이를 구한 흔적이다. 쇠오리든 넓적부리든 새가 지나가면 그 뒤에는 길이 생긴다. 꼬리와 발가락에서 길이 줄줄 새어 나온다. 길이 길을 물고 끝없이 이어지는 무늬는 쇠오리가 늪에 머무는 동안에만 전시된다.

쇠오리들
_우포늪

2013 11 11

쇠오리가 만든 길
_우포늪

2010 11 01

그리고 _____ 쪽지벌

입맞춤의 늪

살아 있는 것은 모두 입맞춤을 한다. 맛있는 것을 먹을 때에도, 노래를 할 때에도, 사랑할 때에도, 죽을 때에도 입을 맞춘다. 입을 맞추면 서로 좋아하는 소리가 나고 소리는 상상했던 것보다 훨씬 놀라운 색이 된다.

나뭇가지 사이에서 먹이를 노리고 있던 왕사마귀 한 마리가 지나가던 방아깨비를 사냥했다. 왕사마귀는 과감하고 무시무시하고 조금도 망설이지 않는다. 방아깨비의 머리부터 분질러 먹는다. '깍깍', '쩝쩝' 소리가 난다. 방아깨비의 몸이 사라질 때마다 왕사마귀의 배는 붉게 차오른다. 마치 주사기에 붉은 액이 주입되는 것 같다. 소리가 색을 삼키거나 색이 소리를 삼키는 마술은 자연에서 흔히 일어난다. 한 생명이 다른 생명을 사라지게 하는 소리, 죽음과 삶이 바뀌는 소리가 늪에서는 하루에도 수십 번 수백 번 일어난다.

뱀이 개구리를 삼키면 배가 불룩해진다. 물장군이 개구리를 빨아먹을 때에도 그렇다. 한쪽이 불룩하면 다른 한쪽은 홀쭉해진다. 한쪽이 단단해지면 한쪽은 쭈그러든다. 한쪽은 죽고 한쪽은 산다. 생과 사를 나누는 입맞춤, 포식자에게 잡히면 끝내 입맞춤을 해야 한다. 쪽쪽, 사랑해서 입을 맞출 때에는 새끼들이 태어나고, 잡아먹힐 때는 죽음의 입맞춤이 기다리고 있다. 사라지면서 다른 생명의 살이 된다.

방아깨비를 먹는
사마귀
_세진주차장

2009 08 15

메뚜기의 짝짓기
_쪽지벌

2011 05 24

거미줄
_쪽지벌

2014 09 13

나비의 놀라운 무늬들

나비는 어디서나 흔하게 볼 수 있지만 어떤 나비라도 흔하지 않은, 그 나비만의 특성을 가지고 있다. 미묘하게 다른 색, 미묘하게 차이가 나는 무늬, 미묘하게 다른 생김새로 우리를 유혹한다.

꼬리명주나비는 꼬리가 길고 아름다운 날개를 가진 나비다. 나비는 애벌레가 깨어나서 바로 먹이를 먹을 수 있는 곳에다 알을 낳는데 이 꼬리명주나비의 밥상이 쥐방울덩굴이다. 쥐방울덩굴은 둥근 잎을 나비 애벌레에게 내주고 가을에는 세로줄무늬가 있는 몽탕한 열매를 늘어뜨린다. 열매 안에는 검고 납작한 씨가 빼곡하게 들어찬다. 그런데 언제부턴가 꼬리명주나비를 보기 힘들어졌다. 몇 해 전 늪가의 식물을 베어 낸 뒤부터다. 쥐방울덩굴이 사라지자 이를 먹이식물로 삼던 꼬리명주나비도 덩달아 사라졌다. 어떤 한 식물을 베어 내면 거기에 깃들여 사는 곤충, 곤충을 먹고 사는 동물의 먹이사슬이 연쇄적으로 허물어진다.

나비는 변온동물로 여름에 활동하는 나비는 오전에 잠시 활동한다. 한낮에 지나치게 체온이 올라가는 것을 막기 위해서다. 나비는 날개를 접고 앉을 때 주변 사물과 비슷한 색상이 되고 화려한 윗면은 감추어져서 보호색을 띤다. 이렇게 해서 천적에게 나비가 아닌 것처럼 보이게 한다.

암끝검은표범나비 암컷의 앞날개는 왕나비의 날개무늬를 닮았다. 암끝검은표범나비는 독이 없어 새들이 먹을 수 있지만 왕

꼬리명주나비 수컷
_목포늪
2010 07 14

꼬리명주나비 암컷
_우포늪
2011 07 02

나비의 몸에는 새가 심장마비를 일으킬 수 있는 독이 들어 있다. 암끝검은표범나비는 독이 있는 왕나비를 흉내 내어 천적의 눈을 따돌린다. 나비의 날개는 기발한 위장으로 만들어 내는 전략적인 아름다움인 셈이다.

    어떤 나비는 가까이 다가가도 날아가지 않는다. 곤봉 모양의 더듬이를 잠시 움직일 뿐 그대로 있다. 한곳에 집중하며 꽁지를 들었다 놓았다 할 때에 비로소 알아챈다. 나비가 알을 낳고 있다는 것을. 나비 한 마리가 세심하게 알을 낳을 자리를 고르고 있을 때에는 나도 모르게 숨을 죽이고 나비의 일에 동참하게 된다. 알에서 깨어난 애벌레가 먹고 자랄 식물, 그 식물에 알을 낳는 나비의 끈질긴 시도를 보는 것만큼 놀랍고 흥미진진한 장면은 없을 것이다.

쥐방울덩굴
_우포늪
2008 07 16

암끝검은표범나비
_우포늪
2010 07 12

황금빛 안개의 숲

─────── 안개가 춤을 춘다. 너울대는 안개 속에서 소리만이 농밀하게 일어난다. 안개는 끝없이 흩어지며 지나간다. 제방 끝을 휘휘 돌아서 나무 뒤로 사라지는 안개는 멀리서 오는 새들을 자욱하게 가라앉힌다. 희미한 풍경 안에서 소리들이 움직이고 있다. 오직 소리로만 건너오는 새들이다. 그러면서 색을 드러낸다. 나무와 나무 사이, 물풀과 물풀 사이로 수없이 많은 리듬이 색을 받치고 있다. 거기에 가사를 붙이는 것은 작은 오리들이다.

안개는 이리저리 휘감으며 올라가고 낮게 흩어지며 뭉글뭉글한 색을 피워 올린다. 늪은 안개를 적셔서 이전까지 만들어 놓은 풍경을 지운다. 안개와 같이 너울거리는 새, 흐르는 안개와 같이 이내 사라지는 새, 배경이 되는 새, 선연한 햇살이 비칠 때까지 가만히 기다리는 새들이 안개 속에 잠겨 있다. 안개가 새를 받치고 논다. 끝없이 풍경이 교체된다.

안개_쪽지벌   2013 11 18

늪으로 간 등나무

―――――― 옥천제방에서 쪽지벌 가는 길 오른편에는 등나무가 많다. 멀리서 보면 보랏빛 꽃들이 길게 드리워져 있어 아름답지만 이 식물은 절개지의 흙이 무너지는 것을 막기 위해 일부러 심은 것이다. 십여 년 전까지는 등나무 꽃들이 벼랑에 붙어 있어 등성이가 환했지만 지금은 길을 건너 쪽지벌 안에서 다른 나무를 감아 매는 이상한 일을 벌이고 있다. 원래 갈등葛藤은 칡과 등나무가 서로 얽히는 것을 말한다. 그런데 쪽지벌에 간 등나무는 서로 반대 방향으로 얽힐 칡이 없어도 갈등을 일으키는 지경에 이르렀다. 버드나무 꼭대기에 올라앉은 등나무가 살짝 무섭기도 하다.

등나무_쪽지벌 2016 04 28

10

사라진 늪, 사라지는 늪

새들은
물 밑의 뜨거운 삶을
좋아한다

회색은 오늘의 색, 녹색은 어제의 색
그토록 선명하던 것이 하룻밤 사이에 묽어지고 단순해진다
단 하루도 온전히 놔둘 수 없는 뭉글뭉글함
스스로 거역해야만 다음 생을 건널 수 있는 노동이
늪 안에 들어 있다
그 노동의 색들을 먹고 새가 자란다
늪이 격렬하게 움직여서 만들어 내는 색의 전환
새들은 물 밑의 뜨거운 삶을 좋아한다
한 순간도 가만히 있지 않는 배후를 좋아한다
물이 떠받들고 가는 삶은
물속의 생명과 물 밖의 생명을 합치고 껴안고 맞부딪치게 하는 것
새는 그 물을 가장 좋아한다

사라진 마을, 느리방

　　　　　　　　　　주매잠수교에서 소야마을로 가는 토평천 왼편에는 사라진 마을, 느리방所山洞이 있었다. 10여 호가 살았던 작은 마을로 지형이 늘어진 것처럼 보여서 '느리방, 너리방, 느리뱅이'로 불렸다. 1980년대에 마지막 집이 이사를 가고 지금은 터만 남아 있다. 주매제방 가는 길의 마산터 역시 이름에서 알 수 있듯이 말을 키우던 곳이었으나 지명으로만 희미하게 기억될 뿐이다.

　　어릴 때 우포늪에 대한 기억을 가진 사람들은 가끔 잘피나물을 말하곤 한다. 《창녕군 지명사》에 "사지포 동편에 잘피 등이 있었는데 1950년대 대합면 소야 주민들이 사지포에서 잘피를 뜯어다가 이 등성이에서 말린 후 창녕장에 내다 팔았다"는 말이 나오지만 나는 잘피를 본 적이 없다. 말즘도 흔한 나물 재료였다. 흐르는 물에 잘 자라는 말즘은 이곳 말로 '말이'라고 하며, 풋나물이 귀한 겨울철에 무채와 함께 새콤달콤하게 무쳐 먹거나 국시기를 끓여 먹었다.

　　늪가에 사는 사람들은 주로 붕어와 잉어, 가물치, 논우렁이, 재첩, 대칭이를 잡아다 읍내 오일장에 내다 팔았다. 2007년까지만 해도 직접 잡은 논우렁이를 소쿠리에 담아서 파는 사람이 있었으나 지금은 논우렁이가 거의 잡히지 않는다고 한다. 대칭이는 석패과 석패목의 연체동물로 강이나 호수, 하천의 모래가 섞인 진흙바닥에서 살고 껍데기 길이가 12센티미터 이상으로 민물조개 중 가장 크다. 하지만 속살이 단단하고 비려서 생으로는 먹지 못

느리방 가는 길
_토평천
2010 04 12

말즘
_토평천
2009 08 24

하고 데쳐서 초무침으로 먹거나 육수를 만들었다. 이 대칭이 역시 삽으로 퍼 담을 정도로 흔했으나 지금은 찾아보기 힘들다. 대칭이와 비슷하게 생겼지만 튀어나온 부위가 일직선으로 이어진 귀이빨대칭이는 멸종위기야생동물1급 보호종이다.

논우렁이
_토평천
2007 06 23

대칭이
_토평천
2010 10 07

새를 쫓던 사람, 기우낭

늪가 마을 사람들은 기러기를 '기우'라고 불렀다. 기러기 소리가 '기우기우'처럼 들린다고 그렇게 불렀을 것이다. 옛 사람들은 기러기를 노래하는 시에 기러기 소리를 '과안과안'이라고 했다. '過雁과안'은 날아가는 기러기를 말한다. 기러기는 노래와 시에 자주 등장하고 혼례식에도 놓일 만큼 상징적인 새이지만 농부들에게는 결코 환영받지 못한 새였다. 오죽하면 새를 쫓는 사람 '기우낭'을 고용했을까.

늪가 마을 중에서도 세진마을은 논농사를 많이 했다. 기우낭은 개인이 아니라 마을에서 고용한 사람이라 들판 전체를 관리했다. 기러기는 갓 돋아난 보리싹을 뜯어먹고 고랑을 헤쳐 놓아 농가에 많은 피해를 주었다. 기러기는 이렇게 쫓아내기 바쁜 새였지만 생활 속에서는 또 매우 유용하고 친숙한 새이기도 했다. 명절이나 큰일을 치를 땐 기러기를 잡아 쇠고기 대신 사용했고 별다른 놀이가 없던 아이들은 새를 장난감처럼 갖고 놀았다. 새와 더불어 사는 마을이기에 가능한 것이었다. 새들은 자유롭게 날아다닐 수는 있지만 보호받는 늪과 금지된 구역을 가릴 수는 없다. 새들이 쫓겨 다니는 것은 새의 먹이가 있는 곳에 사람의 먹이도 있기 때문이다. 기우낭이 있던 시절이나 지금이나 새들의 생존은 여전히 사람에게 달려 있는 것 같다.

황로
_대대들

2012 07 23

사라진 늪, 사라지는 늪

우포늪의 원래 이름은 소벌이다. 벌은 대체적으로 물이 고여 있거나 가물 때 땅이 드러나는 저습지를 말하는데 이 지역 사람들은 소벌을 '물꾸디' 또는 '뻘꾸디'라고 불렀다. 물꾸디는 물이 질척하게 고여 있는 물구덩이를, 뻘꾸디는 뻘, 진흙이 많은 곳을 말했다. 지금은 매립되어 논이 되거나 개발로 사라졌지만 낙동강 하류 일대에는 늪지가 많았다. 유어면 세거리벌, 진창벌, 대합면 용호늪 등은 거의 사라지고 일부 흔적만 남아 있다.

세거리벌은 유어면 선소와 창녕읍 용석, 대지면 용소 일대에 이루어진 들이다. 세거리란 세 개 면으로 갈라진 곳이라 하여 그런 이름이 붙었다. 논으로 바뀌기 전에는 늪지와 물구덩이가 많았고 '들'이 아니라 '벌'이라 불렀다. 벌은 옛말로 '들'을 의미하기도 했으나 못이나 늪지가 있는 저습지를 뜻하기도 했다.

사말리벌은 유어면 회룡 남쪽의 늪인데 천연기념물 고니가 날아들던 곳이었다. 용두산의 지산격인 뱀배암이 이 늪에 가서 빠졌다 하여 '사몰포'라 불렸다. 면적은 줄었지만 지금도 겨울이면 철새들이 많이 날아든다.

이방면 경계 옆에 위치한 유어면 가항리는 고암과 대지에서 흘러내려 온 토평천이 낙동강에 흘러들어 끝나는 곳이다. 원래 이 근처에는 저습지와 작은 늪이 많았으나 지금은 개답開畓되어 들판으로 변했다.

사말포 2009 10 14

가항늪 2009 05 13

가항늪은 가항 서쪽에 있는 늪으로 역수십리逆水十里의 물이 흘러들었다. 낙동강 강물과는 달리 동쪽에서 서쪽으로, 누구늪에서 시작하여 가항늪까지 흘러 강물을 거슬러 올라 흐르고 그 길이 십 리나 되기 때문에 역수십리라 표현한다. 누구늪은 강 하류이면서도 높은 쪽이라 하여 '樓다락(망루)누 仇짝구 늪'으로 불렸다. 누구늪이 있는 마을은 누구동 등으로 불렸고 '樓仇누구, 樓句누구, 彌仇미구' 등으로도 불리면서 점차 거북의 꼬리라는 뜻의 '尾龜미구'가 되었다.

유어면 팔락늪은 1578년선조 10년 창녕 현감으로 재임한 정구鄭逑가 흥학교민興學敎民의 정신으로 세운 팔락정八樂亭이 동리 앞에 있다 하여 붙은 이름이다. 누구늪을 잘 모르는 이가 '팔락늪'이라 부르기 시작해서 지금도 팔락늪이다.

유어면 가매실벌은 가매실지금의 부곡리에 있었던 늪으로 지금은 개간되어 들이 되었다. 앞벌은 부곡리 앞에 있는 들을 일컬었는데 낙동강변의 들이었다. 유장벌은 '유방못'이라고도 하고 유장마을 앞에서부터 가매실 앞에 이르는 들이다.

이방면 모리실은 모곡리 북부에 있는 마을로 호포狐浦라 불리는 늪의 북편에 있는 골짜기 안의 마을이다. 밖에서 보면 마을이 있는지 없는지 모르고 지날 동네라고 하여 '모르실이'라고 했다. 기록에 의하면 성산마을에는 이지포가 있었고 모곡마을 남쪽에는 호포가 있었다. 호포는 뒷산이 여우 형국이라 하여 '여벌' 또는

용호늪 2009 05 11

팔락늪 2010 11 18

'여우벌'이라고 했다.

여벌 동편에는 토평천을 건너는 개정지나리나루터가 있었다. '나리'는 '나루'를 말하며 개정지나리는 갯가의 갯버들이 많아서 붙여진 이름이었다. 갯가 양쪽에 줄을 매어 놓고 당겨서 다니는 줄배가 다녔는데, 유어면 다부터마을 앞에서 토평천을 건너 이방면 잠어실로 갈 수 있었다고 한다. 나루와 줄배는 사라지고 지금은 토평천을 잇는 다리가 합천과 의령 가는 차들을 받치고 있다.

자료 출처_《창녕군 지명사》, 비사벌신문사, 1992

문헌에 나타나 있는 '우포'와 우포늪의 변화

"옛 문헌에는 '우포'라는 지명은 나오지 않는다. 가장 오래된 지리지地理志인 세종 때의 《경상도지리지》, 《세종실록지리지》에는 소하천이나 소택지에 관한 기록이 없다. 성종조(1477)에 편찬된 《동국여지승람》 '창녕현'편에 물슬천勿瑟川, 이지포梨旨浦, 누구택樓仇澤, 용장택龍壯澤의 기록이 나오고 순조조(1832)에 편찬된 〈경상도읍지〉에도 같이 기록되어 있으며, 철종조에 편찬된 김정호의 '대동여지도'(1861)에는 물슬천과 이지포는 지도에 나타나 있으나 누구택은 누포漏浦라는 지명으로 나와 있다. 이들 지리지에 나오는 지명을 '동국여지도', 경상도읍지의 '창녕현지도'와 현지형도를 근거로 분석해 보면 물슬천은 지금의 토평천이며 용장택은 현재는 개간되고 없는 대합면에 있던 용호를 말하는 것으로 보인다. 이지梨旨라는 지명은 토평천 하류부 성산리에 이지梨旨 혹은 배말리라는 지명이 나타나 있으나 현재 이 위치에는 소택지가 없다. 《동국여지승람》에 나오는 누구택과 대동여지도의 누포는 그 위치가 현 우포와 거의 일치하고 있다."

자료 출처_창녕군 홈페이지

마을 앞까지
들어온 물
_호포마을

2011 07 10

11

우포늪, _____ 걸어서

늪이
아름다운 것은

나는 심었지요, 빛을
늪 한가운데에서 어느 날 노란색이 자라기 시작했어요
바람이 불었고 새가 날아와 쪼았고
길이 났어요
새들의 발가락에 그렇게 많은 구름이
뭉쳐 다니는 줄 누가 알았을까요?
늪은 알았을지도, 아마도 빛에서
발아한 색들이 늪을 굼실굼실 펼쳐 들었을 때
누가 그걸 읽을 생각을 했나요?
받아 적을 생각을 했을까요?
풀숲의 고라니가 힘껏 뛰어다닐 때
노란색은 가만히 늪을 덮어 버렸답니다

걷기는 즐거움의 공명

장 자크 루소와 헨리 데이비드 소로우에 이르기까지 많은 사람들이 걷기를 권한다. 걷기는 명상과 침묵을 모색하는 일이며 뻣뻣한 몸을 부드럽게 회전시키는 일이다. 여럿이 걸어도 좋고 혼자여도 좋다. 동행이 있으면 상대에 대한 배려와 가벼운 여흥이 따르게 되지만 혼자 걸으면 심리적인 부담이 없을뿐더러 대체로 고적한 시간을 누릴 수 있다.

미셸 투르니에는 바퀴는 고르고 평평한 길을, 고무를 입힌 듯 착착 달라붙는 길을 원하지만 발은 어디에서나 잘 적응한다고 말했다. 그러나 발이 무엇보다도 좋아하는 것은 "모래나 자잘한 돌이 약간 섞인 바닥을 싸각싸각 소리 내어 걸으며 마치 양탄자 위를 걷듯 약간씩—너무 지나치지는 않게—발이 빠지는 맛을 음미하는 것"이라고 했다. 발이 빠지는 맛이란 어떤 것일까? 모내기할 때 발가락 사이로 빠져나가던 진흙과 비 오는 늪가를 걸을 때 발바닥으로 전해지던 물렁함이 떠오른다. 그때 온몸을 투과하며 간질이던 것은 관능이었고 구체적으로는 쾌감이었을 것이다. 쾌감의 기억은 계속 유지, 반복하려는 속성을 가지고 있어 자연스럽게 두 발을 사용하는 일을 앞장서서 하게 된다.

처음에 나는 늪을 몰라서 걸었고, 늪을 조금 알게 되었을 때는 더 많이 알고 싶어서 걸었다. 걷다 보니 눈과 귀에 들어오는 것들로 기쁨이 번졌고 점점 더 잘 걷는 내가 자랑스러워졌다. 늪을 걷는 것은 곧 늪을 아끼고 보듬는 일이며, 천천히 걸어서 새를 한 번이라도 덜 놀라게 하는 것이다. 만약 걷다가 어떤 희귀한 꽃과 새를 찍었으면 그 다음에 또 같은 꽃과 새를 찍기 위해 무작정 달려들지 않는 것이 자연과 생태를 위한 길이라고 생각한다. 자연은 통기성 좋은 옷처럼 몸과 마음을 부드럽게 흘러가게 하며 고단한 삶을 위로해 준다. 선선한 바람과 따스한 기운이 회전하는 내 옷은 늘 자연이 마련해 준 것이었다.

징검다리에서
사초 군락 가는 길

길은 누구를 위하여 넓어질까

람사르총회를 한 해 앞둔 2007년 우포늪에 관광용 소달구지가 등장했다. 소벌이라는 지명과 관련이 있어 다들 반기는 분위기였다. 소달구지는 우포늪 입구에서 전망대까지 편도로만 다녔는데 우리는 암소에게 '소희'라는 이름을 지어 불렀다. 사람들과 어울리며 즐겁게 일을 하길 바라서였다. 소희가 즐겁게 일을 했는지는 알 수 없지만 풀밭에 앉아서 느긋하게 되새김질을 하고 있으면 소벌과 썩 잘 어울린다는 생각이 들었다. 그때는 무엇이든 여유가 있었다. 아이들은 자연스레 소를 쓰다듬어 주고 어른들은 옛이야기를 하며 소희를 예뻐했다. 그러나 지역주민사업의 하나로 자전거대여점이 들어왔고 소달구지를 찾는 사람은 점점 줄어들었다. 이때부터 늪을 돌아보는 방식이 많이 바뀌었다. 자전거를 타는 사람이 늘어난 것이다.

자전거는 배기가스, 이산화탄소 등을 배출하지 않고 화석연료를 사용하지 않아 환경에 바람직한 교통수단이지만 늪 안에서 달릴 때는 문제가 된다. 달리는 사람과 걷는 사람이 같은 길을 이용하기 때문이다. 걷는 사람은 자전거 소리가 나면 걸음을 멈추고 길을 비켜야 한다. 새들은 자전거 소리에 놀라 별안간 날아오르고 무심코 땅바닥에 앉은 잠자리와 메뚜기는 자전거 바퀴에 깔려 죽는다. 자전거는 환경에 좋은 탈것이지만 우포늪에 사는 동식물에게는 좋지 않다. 사람에게 좋은 길은 사람에게만 좋은 길이다.

지금은 사라진
소달구지
_우포늪 삼거리

2010 05 05

늪은 영원하지 않다

사람도 나이를 먹지만 자연도 나이를 먹는다. 우포늪도 언젠가는 육지가 될 것이다. 토평천과 늪 가장자리에 빼곡히 들어선 버드나무는 이미 육지화가 진행되었음을 말해 준다. 호수는 늪이 되고, 늪은 나무가 자라고 흙이 쌓이는 소택지가 되면서 초원으로 변한다. 지금처럼 제방과 수문을 통해 물을 관리한다면 늪의 생명도 얼마쯤은 연장할 수 있을 것이다. 하지만 무분별한 출입과 넘치는 방문객은 늪을 훼손하고 늪의 생명을 단축하는 일로 이어진다. 생태계는 변화와 순응을 반복하면서 다음 세대를 키운다. 수많은 생명체들이 더 나은 자손을 퍼뜨리기 위해, 살아남기 위해 치열한 경쟁을 하고 노력한다. 급변하는 환경에 적응하지 못한 생물에게 다음이란 없다. 누구나 알고 있는 말이지만 자연은 인간을 기다려 주지 않는다.

화왕산에는 눈이, 늪에는 봄이 왔다_목포늪   2009 02 15

우포늪, 걸어서

언제부턴가 사람들은 걷는 것을 건강과 관광의 영역으로 받아들이게 되었다. 의사들이 만병을 예방하는 기본적인 운동으로 걷기를 권하고, 여행사가 따로 걷기프로그램을 만들 정도이니 가히 걷기만능시대인 것도 같다.

우포늪에도 걷기에 좋은 길들이 많이 생겼다. 원래 있던 길에 새 이름을 붙인 것도 있지만 새 길을 내고 새 이름을 붙인 길도 있다. 이름하여 '생명길'이다. 이 생명길은 늪을 돌아보는데 서너 시간은 족히 걸릴 것을 세 개의 늪과 제방을 연결하여 두어 시간 안에 걸을 수 있게 만든 것이다. 늪의 한가운데를 지나는 이런 길들은 늪을 쉽게 돌아볼 수 있게 해 주지만 네 개의 늪 중에서 가장 작고 예쁜 쪽지벌은 이 길에서 빠져 있다. 말하자면 늪을 축약하여 보여 주는 매우 실용적인 코스라 할 수 있다.

우포늪은 여느 관광지와 달리 생태관광지다. 나는 사람들이 조금은 느긋하게 늪을 돌아보기를 권한다. 우포늪에 올 때는 아예 쉬엄쉬엄 걷기로 작정하고 왔으면 좋겠다. 사람에게 불편한 것이 모여 아름다운 자연이 되는 현장을 온몸으로 느꼈으면 좋겠다. 그리하여 우리가 아끼고 보전해야 할 자연이 얼마나 상처받기 쉽고(인간에 의해) 그럼에도 자신의 놀라운 운명을 지속적으로 열어 가는가를 기억하고, 나아가 다음 세대도 이 즐겁고 불편한 걷기를 계속 누렸으면 좋겠다.

해 질 녘_사지포   2014 12 30

함께 읽으면 좋을 책

《걷기 예찬》, 다비드 르 브르통 지음, 김화영 옮김, 현대문학, 2003
《걷기의 역사》, 레베카 솔닛 지음, 김정아 옮김, 민음사, 2003
〈긴꼬리투구새우 생태 및 서식지 조사 모니터링 보고서〉, 하늘강동아리, 계룡초등학교
《깃털》, 소어 헨슨 지음, 하윤숙 옮김, 에이도스, 2013
《까마귀의 마음》, 베른트 하인리히 지음, 최재경 옮김, 에코리브르, 2005

《나는 걷는다》, 베르나르 올리비에 지음, 김수현 옮김, 효형출판, 2003
《나를 부르는 숲》, 빌 브라이슨 지음, 홍은택 옮김, 동아일보사, 2002
《나보코프 블루스》, 커트 존슨·스티브 코츠 지음, 홍연미 옮김, 해나무, 2007
《나의 생명수업》, 김성호 지음, 웅진지식하우스, 2011
〈낙동강유역의 습지조사 보고서 Ⅱ〉, 2007
〈논습지와 람사르〉, 경상남도람사르환경재단, 2009

《동물들의 생존 게임》, 마르쿠스 베네만 지음, 유영미 옮김, 웅진지식하우스, 2010
《동물의 숨겨진 과학》, 캐런 섀너·재그밋 컨월 지음, 진선미 옮김, 양문, 2013

《멸종 위기의 생물들》, 이브 시아마 지음, 심영섭 옮김, 현실문화, 2011
《물의 자연사》, 앨리스 아웃워터 지음, 이충호 옮김, 예지, 2011
《바이오필리아》, 에드워드 윌슨 지음, 안소연 옮김, 사이언스북스, 2010

《살아남은 것은 다 이유가 있다》, 더글러스 W. 모크 지음, 최재천 감수, 정성묵 옮김, 산해, 2005
《새의 감각》, 팀 버케드 지음, 노승영 옮김, 에이도스, 2015
《생명의 미래》, 에드워드 윌슨 지음, 전방욱 옮김, 사이언스북스, 2005
〈생태계교란야생동·식물자료집〉, 경상남도람사르재단
《습지와 인간》, 김훤주 지음, 산지니, 2007
〈습지해설가양성아카데미 자료집〉, 창녕환경운동연합, 2007
《식물은 알고 있다》, 대니얼 샤모비츠 지음, 류충민 감수, 이지윤 옮김, 다른, 2013
《식물의 본성》, 존 도슨·롭 루카스 지음, 홍석표 옮김, 지오북, 2014

《암컷은 언제나 옳다》, 브리짓 스터치버리 지음, 정해영 옮김, 이순, 2011

《자연과 함께 한 1년》, 바버라 킹솔버·스티븐 L. 호프 지음, 정병선 옮김, 한겨레출판, 2009
《자연은 왜 이런 선택을 했을까》, 요제프 H. 라이히홀프 지음, 박병화 옮김, 이랑, 2012
《자연의 지혜》, 애니 딜라드 지음, 김영미 옮김, 민음사, 2007
《잡식동물의 딜레마》, 마이클 폴란 지음, 조윤정 옮김, 다른세상, 2008
《즐거움, 진화가 준 최고의 선물》, 조너선 밸컴 지음, 노태복 옮김, 도솔, 2008

《창녕군 지명사》, 비사벌신문사, 1992
창녕군 홈페이지 '우포늪' www.cng.go.kr/tour/upo.web
《친절한 생물학》, 후쿠오카 신이치 지음, 이규원 옮김, 은행나무, 2013

《큰오색딱따구리의 육아일기》, 김성호 지음, 웅진지식하우스, 2008

《토박이 곤충기》, 김정환 지음, 진선, 2005

《한국의 새》, 타니구찌 타카시 그림, 이우신·구태회·박진영 지음, LG상록재단, 2005
《한국의 야생조류 길잡이 물새》, 박종길·서정화 지음, 신구문화사, 2008
《한국의 야생조류 길잡이 산새》, 박종길·서정화 지음, 신구문화사, 2008
《현혹과 기만》, 피터 포브스 지음, 이한음 옮김, 까치, 2012
〈호소의 생물상(우포)〉, 낙동강유역환경청, 2007
《흐름-불규칙한 조화가 이루는 변화》, 필립 볼 지음, 김지선 옮김, 사이언스북스, 2014

우포늪, 걸어서   글 · 사진 손남숙

1판 1쇄 펴낸날   2017년 3월 10일

펴낸이   전은정
펴낸곳   목수책방
            (04735) 서울특별시 성동구 독서당로 230 2층
출판신고   제25100-2013-000021호
대표전화   070 8152 3035
팩시밀리   0303 3440 7277
이메일   moonlittree@naver.com   디자인   김지혜
페이스북   facebook.com/moksubooksteastalks 일러스트 장서윤
블로그   post.naver.com/moonlittree   제작   제이오

Copyright ⓒ 2017 손남숙

이 책은 저자 손남숙과 목수책방의 독점 계약에 의해 출간되었으므로
이 책에 실린 내용의 무단 전재와 무단 복제를 금합니다.

ISBN   979-11-953285-8-1 03400
가격   17,000원

자연과 인간의 공생,
그리고 지속가능한 생태계를 꿈꾸는
목수책방의 책

목수책방은 지구 생태계의 일원으로 살아가고 있는
인간들이 알아 두어야 할 것, 해야 할 일 등을
책으로 엮어 내는 일을 하고 있습니다.
목수책방은 앞으로 계속해서 자연, 생태, 환경,
유기농업에 관한 좋은 책, 필요한 책을 만들어
많은 독자들에게 소개하는 일에 힘쓰겠습니다.
'나무처럼, 물처럼' 세상을 살리는,
세상에 꼭 필요한 지식들을 쌓아 나가겠습니다.

생명의 교실 — 어느 생물학자의 생명탐구 여행기
가와바타 구니후미 지음 | 염혜은 옮김 | 1만5000원

'생명탐구'를 업으로 삼은 한 생물학자가 쓴 에세이. 저자는 올챙이의 변태, 춤파리의 구애댄스, 꿀벌의 수확댄스, 큰징거미새우와 장어 양식 등 직접 관찰하고 경험한 다양한 생물들의 이야기를 흥미롭게 펼쳐 놓는다. 뿐만 아니라 생명을 탐구하면서 만났던 사람들로부터 배운 생명을 존중하는 법, 자연과 조화를 이루며 사는 법에 대한 이야기도 들려준다. 여기에 '생명'에 대한 관심과 사회문제를 접목시키는 것도 잊지 않는다. 환경과 사회 소외 계층에 대한 문제, 아이들을 양육하기에 안전하고 건강한 환경 만들기에 관심을 갖고 있는 저자는 살아 있는 모든 것들을 위해 유익한 세상을 함께 만들어 보지 않겠냐고 독자들에게 권하고 있다.

흙의 학교
기무라 아키노리 · 이시카와 다쿠지 지음 | 염혜은 옮김 | 1만3000원

어떠한 농약도 비료도 사용하지 않고 '기적의 사과'를 길러낸 농부 기무라 아키노리가 들려주는 '흙'에 관한 이야기가 담겨 있다. 그가 최악의 생활고를 겪으며 인고의 시간을 보내는 동안 몸과 마음으로 터득한 자연재배 노하우 중 가장 핵심 키워드라 할 수 있는 '흙'에 관한 기본적인 상식을 쉽고 재미있게 배울 수 있는 책이다. 화분이든 텃밭이든 직접 식물을 기르고 있는 사람이라면 흙의 기본 성질을 파악하고, 그 안에서 미생물이 함께 잘 살아갈 수 있는 환경을 만들어 주기 위해 알아야 할 '살아 있는' 정보가 반가울 것이다.

2015년 여름 '책으로 따뜻한 세상 만드는 교사들' 청소년 추천도서

서울 사는 나무
장세이 지음 | 2만원

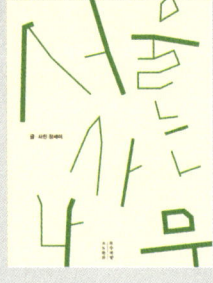

이 책은 서울에서 살아가는 나무 이야기다. 서울의 흔한 길과 그 길이 지나는 동네, 서울을 숨 쉬게 하는 크고 작은 공원, 서울이라는 메트로폴리스에 역사성과 균형감을 선사하는 조선의 궁궐까지, 서울의 근간을 이루는 공간이 주 무대다. 어찌하여 그 나무가 그 자리에 살게 되었는지 연유를 되짚으며 자연스레 나무가 살아가는 길과 공원, 궁궐의 내력을 들여다본다. 저자는 서울 사는 서른두 그루 나무에 대한 헌사를 통해 우리가 밟고 선 땅, 그 땅에 뿌리내린 우리 곁의 큰 생명인 나무를 올려다보며 생명 존중과 인간성 회복의 의미를 되새기게 한다.

식물이 더 좋아지는 식물 이야기 사전
찰스 스키너 지음 | 윤태준 옮김 | 1만3800원

'꽃의 아름다움에 의미를 더하고 꽃의 향기를 더욱 짙어지게 해 주는 120가지 이야기'를 엮은 책이다. 오랜 세월 전해져 오는 다양한 식물에 관한 신화와 전설, 이름에 얽힌 유래 등이 흥미롭게 펼쳐진다. 이 책은 주변에서 쉽게 만날 수 있는 식물들을 더 친근한 시선으로 바라볼 수 있게 해 준다. 꽃 한 송이, 나무 한 그루, 풀 한 포기에 얽힌 사연을 알면 그것을 곁에 두고 아끼며 더 풍요로운 정신적 삶을 누릴 수 있다. 식물을 사랑하는 사람들과 콘크리트 강박증에 지친 사람들에 추천할 만한 책이다.

'환경정의' 선정 '2016 올해의 환경책 12'

지금 우리는 자연으로 간다
— 자연 결핍 장애를 극복하고 삶을 회복시키기 위하여

리처드 루브 지음 | 류한원 옮김 | 1만8000원

요즘 사람들은 모두 알게 모르게 '자연 결핍 장애'를 경험하고 있다. 인간이 자연과의 연결 고리를 잃어버리면서 겪는 장애는 수도 없이 많다. 육체적, 심리적, 정신적인 문제를 일으키는 것은 물론, 가족과 공동체, 사회와 국가, 나아가서는 지구 전체도 위태롭게 한다. 저자는 구체적인 사례를 들어가며 자연 결핍 장애가 만연한 현실의 문제를 조목조목 지적한다. 그리고 '자연'이 우리의 이 집단적 장애를 치료하기 위한 약이 되어 줄 수 있다고 강조한다. 사람과 자연을 연결하려는 새로운 자연운동은 단순한 자연보호를 뛰어넘어 '인간 회복'을 꿈꾼다. 그리고 이 운동은 지금 내가 발 딛고 있는 곳에서 당장 실천 가능한 일들을 하라고 자극한다.

어이없는 진화 — 유전자와 운 사이
요시카와 히로미쓰 지음 | 양지연 옮김 | 1만8000원

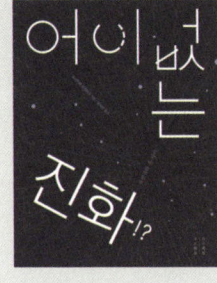

'멸종'의 관점에서 생물 진화의 '어이없는' 측면을 바라보는 책이다. 또한 우리가 막연히 생각하는 통속적 진화론의 본모습과 문제점, 과학자들의 논쟁에 숨어 있는 '진짜' 진화론이 지닌 의의와 유효성을 밝힌다. 저자는 마지막으로 일반인의 오해와 과학자의 논쟁 모두 역사와 자기인식을 둘러싼 인간의 끝없는 물음에서 유래한다고 지적한다. 이 책의 목적은 진화론과 우리의 관계를 고찰하는 데 있다. 과학과 인문학의 경계에서 진화론이 만들어 내는 '매혹과 혼란'의 원천에 천착한다.

한국출판문화산업진흥원 2016년 우수출판콘텐츠 제작 지원 사업 선정작

엄마는 숲해설가 — 손쉬운 생태놀이 60개, 가까운 생태공원 12곳
장세이·장수영 지음 | 1만5000원

숲해설가가 된 글 쓰는 이모 장세이와 아이가 '자연스럽게' 자라기를 바라는 엄마 장수영이 함께 쓴 친절한 생태놀이·생태공간 안내서다. 아이와 밖에서 뭐하고 놀까 고민이 많았던 엄마가 아이와 함께 최고의 무공해 놀이터인 '자연'에서 쉽고 재미있게 놀 수 있는 방법 60가지를 소개한다. 아이와 함께 계절별 생태놀이를 해볼 수 있는 우리 주변의 좋은 생태공간 12곳도 함께 추천하고 있어 유용하다.

목수책방
2017년
출간 예정작

작지만 '크게' 키우는 농부를 위한 친절한 안내서(가제)
장-마르탱 포르티에 지음 | 박나리 옮김

캐나다 퀘백주에서 농사를 짓는 농부이자, 교육가이며 작가인 장-마르탱 포르티에의 소규모 유기농 안내서다. 저자는 '작은 땅으로 먹고살 수 있는 법'을 말하는 것에서 더 나아가 '행복하게' 먹고사는 방법을 이야기한다. 생산 규모가 아닌, 어떻게 하면 더 '잘' 키울 수 있을까를 고민하는 농부의 현실적인 농사비법을 만나볼 수 있다. '기술은 가능한 한 덜 사용하고, 생산성은 최대한으로 올리는 방법', '가족이 살아가기에 경제적으로 충분한 보상이 있으면서도 환경친화적인 농사를 짓는 방법'로 요약할 수 있는 소농의 생존 전략을 엿볼 수 있는 책이다.

정원, 우리의 땅과 삶을 디자인하다(가제)
메리 레이놀즈 지음 | 김민주 옮김

세계 최대 정원·원예박람회인 영국 첼시 플라워 쇼에서 역대 최연소 금메달을 수상한 정원·조경디자이너 메리 레이놀즈가 쓴 책이다. 그는 부모가 아이를 돌보는 것과 같이 자연으로 받은 선물인 땅을 책임감 있게 돌보라고 말한다. 땅이 원하는 것이 무엇인지를 먼저 물으라고 조언한다. 저자는 집 밖의 생태계와도 연결될 수 있는 살아 있고 확장되는 자연의 일부로 기능하는 정원을 꿈꾼다. 정원에서 자신이 먹을 것을 직접 재배하고, 자연 본연의 의도와 조화를 이룰 수 있는 정원을 만드는 방법을 제안한다. 내 주변에 '자연'을 창조하고 싶은 사람들에게, 정원과 식물을 사랑하는 사람들에게 무한한 영감을 줄 수 있는 책이다.